Summeneinflußwerte

für den einfachen Balken und den symmetrischen Zweifeldträger für Straßenbrücken

Von

Dr. Ing. Friedrich Schweda

Wien

Mit 46 Abbildungen im Text und in 10 Zahlentafeln

Wien

Springer-Verlag

1952

ISBN-13: 978-3-211-80279-3   e-ISBN-13: 978-3-7091-5064-1
DOI: 10.1007/978-3-7091-5064-1

Vorwort.

Die vorliegende Abhandlung gibt die Möglichkeit, für symmetrische Durchlaufträger über zwei Felder, deren Belastung den geltenden Normen für Straßenbrücken entspricht, Momente und Querkräfte in ähnlich rascher Weise wie für eine gleichmäßig verteilte Belastung zu bestimmen.

Die Untersuchung erfolgte zunächst unter der Voraussetzung eines konstanten Trägheitsmomentes, wobei auch einige Vereinfachungen, die praktisch ohne Einfluß sind, notwendig waren, um den Rechenaufwand auf ein erträgliches Maß zu beschränken. Für die Anwendung bei Tragwerken mit Stützweiten von etwa 10 bis 35 Meter sind Zahlentafeln errechnet.

In einem kurzen Abschnitt ist auch der einfache Balken behandelt worden, um Ähnlichkeiten zwischen ihm und dem Zweifeldträger aufzuzeigen.

Ein besonderer Abschnitt ist einem Verfahren gewidmet, das zur raschen Bestimmung des Einflusses einer Querschnittsverstärkung an der Mittelstütze in der bei Stahlbetontragwerken üblichen Art (Voute) dient. Es ist ein Näherungsverfahren, das jedoch nicht nur für rasche Überschlagsrechnungen genügt, sondern, wie das am Schlusse gerechnete Beispiel zeigt, auch für eine endgültige Berechnung in Betracht gezogen werden darf.

Der Verlag hat der Ausstattung des Buches seine gewohnte Sorgfalt geschenkt, wofür ihm der verbindlichste Dank zum Ausdruck gebracht sei.

Wien, im April 1952.

Friedrich Schweda.

Inhaltsverzeichnis.

        1. Allgemeine Voraussetzungen 11. — 2. Formen der Einfluß-
linien 11. — 3. Lastenzug I. Positive Feldmomente, Einfluß der
Raupenlast 15. — 4. Lastenzug I. Positive Feldmomente, Einfluß der Verkehrsgleichlast 17. — 5. Positive Feldmomente im
Bereiche von $\overline{m} = 0,8$ bis $\overline{m} = 1,0$ 21. — 6. Tafel 1. Erläuterungen
21. — 7. Lastenzug I. Negative Momente, Einfluß der Raupen-
last 22. — 8. Lastenzug I. Negative Momente, Einfluß der Verkehrsgleichlast 22. — 9. Tafel 2. Erläuterungen 24. — 10. Lastenzug II. Positive Feldmomente, Einfluß der Einzellasten 24. —
11. Lastenzug II. Positive Feldmomente, Einfluß der Verkehrsgleichlast 27. — 12. Tafel 3. Erläuterungen 31. — 13. Lastenzug II. Negative Momente, Einfluß der Fahrzeuglasten 32. —
14. Lastenzug II. Negative Momente, Einfluß der Verkehrsgleichlast 35. — 15. Tafel 4. Erläuterungen 36.

        1. Formen der Einflußlinien 36. — 2. Lastenzug I. Querkräfte 39.
3. Lastenzug I. Auflagerdrücke 41. — 4. Tafel 5. Erläuterungen
44. — 5. Lastenzug II. Querkräfte 44. — 6. Lastenzug II. Auflagerdrücke 46. — 7. Tafel 6. Erläuterungen 52. — 8. Tafel 7.
Erläuterungen 53.

        1. Allgemeines 53. — 2. Verhältnis der Stützenmomente mit und
ohne Berücksichtigung der Vouten 54. — 3. Verschiedene Voutenformen 56. — 4. Momente aus der Vollbelastung beider Träger-
felder (Eigengewichtsbelastung) 59. — 5. Positive Feldmomente
bei halbseitiger Vollbelastung 60. — 6. Positive Feldmomente
bei teilweiser Belastung eines Feldes 62. — 7. Negative Feldmomente 64.

        1. Eigengewicht 67. — 2. Verkehrslast 69.

Einleitung.

Die Bestimmungen über die Belastung von Straßenbrücken schreiben grundsätzlich zwei Arten von Lastenzügen vor, die in Abb. 1 dargestellt sind.

Lastenzug I stellt die Belastung durch ein Raupenfahrzeug vor, Lastenzug II jene, die durch die Straßenwalze oder einen Lastkraftwagen entsteht. Diese Fahrzeuge dürfen entweder allein oder in Verbindung mit einer vor und hinter dem Fahrzeug angeordneten gleichmäßig verteilten Last verkehren, die als Ersatz für weitere Fahrzeuge gedacht ist und im Folgenden als „Verkehrsgleichlast" bezeichnet werden soll, zum Unterschiede von der „Menschenlast", mit welcher Gehwege und diesen gleichgestellte Fahrbahnteile zu belasten sind.

Hiebei bedeuten:

a_1 .... die Länge der Raupenlast

a_2 .... den Abstand der beiden Einzellasten P_1 und P_2

b_1 .... die Länge des Raupenfahrzeuges

b_2 .... jene der Walze oder des Lastkraftwagens

r .... die Raupenlast je Längeneinheit

p_1 und p_2 .. die Verkehrsgleichlasten für die Lastenzüge I und II je Längeneinheit

P_1 und P_2 .. die Einzellasten der Walze oder des Lastkraftwagens; dabei soll $P_1 > P_2$ sein.

Neben den genannten Lastenzügen ist ferner noch als dritte Art eine durchwegs gleichmäßige Belastung, herrührend aus der Verkehrsgleich- oder Menschenlast, in Betracht zu ziehen.

Je nach der Brückenbreite oder der Größe des für einen Träger maßgebenden Einflußbereiches treten die genannten Lastenzüge einzeln oder zusammen auf.

Im Gegensatz zu älteren Bestimmungen, die eine Verkehrsgleichlast nicht kannten und die Belastung mit einer Reihe von hintereinander stehenden Fahrzeugen forderten, zeigen die Lastenzüge der Abb. 1 eine weitgehende Vereinfachung, die es ermöglicht, Summeneinflußwerte für Momente und Querkräfte für zwei häufig vorkommende Trägerarten, den einfachen Balken und den symmetrischen Durchlaufträger auf drei Stützen, anzugeben.

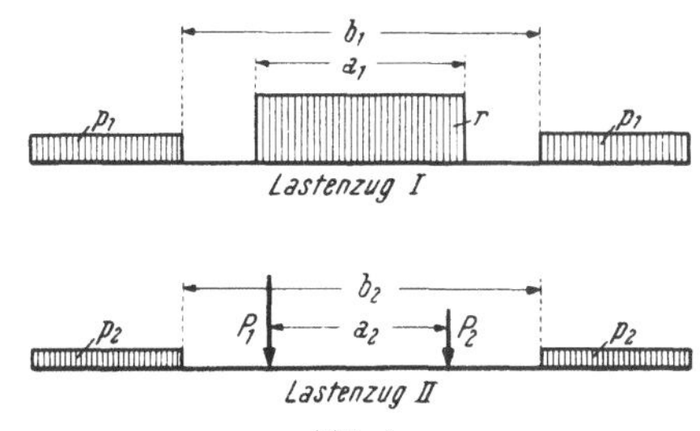

Abb. 1.

Summeneinflußlinien oder Summeneinflußwerte werden bisher wenig angewendet. Beim einfachen Balken ist die exakte Lösung der Ermittlung der größten Biegungsmomente aus zwei Einzellasten bekannt, für einen beliebigen Lastenzug begnügt man sich im allgemeinen mit der Näherungslösung der abgeplatteten Momentenparabel, am meisten verbreitet ist das A-Polygon, das für jeden beliebigen Lastenzug die größten Querkräfte mit aller Strenge liefert.

Für den Durchlaufträger bestehen bloß Tabellen, die den Einfluß einer felderweisen Belastung mit einer gleichmäßig verteilten Last oder mit einer ortsfesten, immer gleichbleibenden Lastengruppe ermitteln lassen.

In allen andern Fällen ist man bei der Bestimmung der größten Momente und Querkräfte gezwungen, den Weg über die Auswertung der Einflußlinien zu nehmen, der trotz mancher fertig vorliegenden Tafelwerke zur Aufzeichnung der Einflußlinien noch immer recht zeitraubend ist.

Um diese Arbeit wenigstens für den im Brückenbau häufig vorkommenden symmetrischen Zweifeldträger zu ersparen, wird im Folgenden gezeigt, daß man für die in der Abb. 1 dargestellten Lastenzüge Tafelwerte angeben kann, welche die Ermittlung der für die Bemessung erforderlichen Momente, Querkräfte und Auflagerdrücke in ähnlicher Weise wie für eine gleichmäßig verteilte Belastung gestatten.

Die Berechnung der vorgenannten Lastgrößen wäre unvollständig, wenn man sich nur auf einen Träger mit gleichbleibendem Querschnitt beschränken würde. Deshalb ist ein besonderer Abschnitt der Berücksichtigung des Einflusses eines veränderlichen Trägheitsmomentes, in der bei Stahlbetontragwerken üblichen Form, gewidmet.

Der einfache Balken wurde mitbehandelt, weil unter Umständen die Kenntnis des genauen Verlaufes der größten Biegungsmomente von Nutzen sein kann und weil beim einfachen Balken gewisse Gesetzmäßigkeiten auftreten, die sich beim Durchlaufträger wiederholen.

Auf einen besonderen Umstand muß noch hingewiesen werden: Lastenzüge nach der Form der Abb. 1 gestatten grundsätzlich zwei Belastungsarten:

1. Entweder ist eine solche Laststellung maßgebend, bei welcher das Fahrzeug über der Einflußlinienspitze zu stehen kommt (s. etwa Abb. 2), oder

2. die Vollbelastung über den Einflußbereich mit der Verkehrsgleichlast allein ist ausschlaggebend.

Es hängt ganz von dem gegenseitigen Verhältnis der Fahrzeuglasten zueinander und zu der Verkehrsgleichlast ab, welcher der beiden Fälle die größere Wirkung ergibt. Bei der überragenden Größe der Fahrzeuglasten gegenüber der Verkehrsgleichlast kommt im allgemeinen nur die erstgenannte Belastungsart in Betracht und nur diese wird den nachstehenden Entwicklungen zugrunde gelegt. Lediglich bei leichten Fahrzeugtypen oder sehr verschiedenen Fahrzeuglasten kann die Vollbelastung mit der Verkehrsgleichlast maßgebend werden. Da die

Berücksichtigung der letzteren keine Schwierigkeiten bietet, ist es leicht möglich, sich rasch zu überzeugen, welche Belastungsart die ungünstigeren Werte liefert.

I. Summeneinflußwerte für den einfachen Balken.

A. Momente.

1. Lastenzug I.

Wir gehen aus von der Einflußlinie für einen beliebigen Punkt mit dem Abstande x von der Trägermitte, der nach links positiv und nach rechts negativ gerechnet werden soll, l sei die Stützweite des Balkens, m die Entfernung des betrachteten Punktes von der linken Auflagerlotrechten (s. Abb. 2). Die Belastung bestehe aus dem vollständigen Lastenzug: Raupenlast und beiderseitiger Verkehrsgleichlast. Der Fall, daß die letztere nur einseitig vorhanden ist, soll außer Betracht bleiben. Gesucht ist zunächst jene Laststellung, bei welcher das Moment im Punkte m

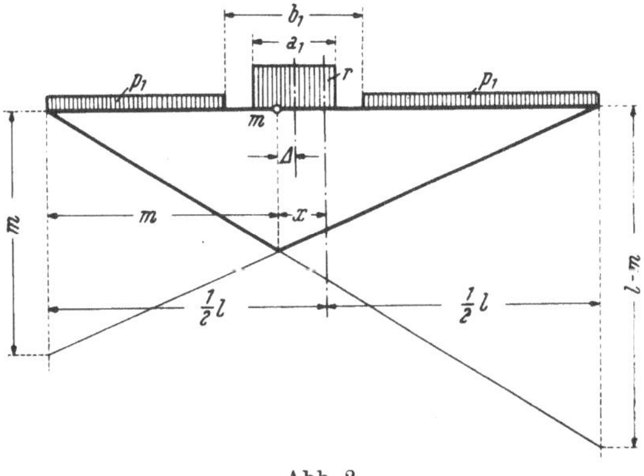

Abb. 2.

seinen Größtwert erreicht. Wir kennzeichnen diese Lage durch die Größe Δ: Abstand der Raupenlastmitte vom betrachteten Balkenquerschnitt. Sie ergibt sich aus dem allgemeinen Ausdruck für das Moment an der Stelle x:

$$M = \frac{r}{2l}\left[2a_1\left(\frac{l^2}{4} - x^2\right) - 2a_1\Delta\left(\frac{l}{2} - x\right) - l\left(\frac{a_1}{2} - \Delta\right)^2\right] +$$
$$+ \frac{p_1}{2l}\left[(l - 2b_1)\left(\frac{l^2}{4} - x^2\right) + 2b_1\Delta\left(\frac{l}{2} - x\right) + l\left(\frac{b_1}{2} - \Delta\right)^2\right] \tag{1}$$

aus $\dfrac{dM}{d\Delta} = 0$

zu:

$$\Delta = \frac{x}{l} \cdot \frac{r a_1 - p_1 b_1}{r - p_1}. \tag{2}$$

Hiebei ist der gleichzeitige gemeinsame Einfluß von r und p_1 berücksichtigt.

Die Verwendung der Beziehung (2) in der Gl. (1) führt zu einem parabolischen Verlauf der Größtmomente (Abb. 3), bei welchem das größte Balkenmoment überhaupt in Feldmitte mit

$$M_{\max} = \frac{1}{8}\left[r\,a_1\,(2\,l - a_1) + p_1\,(l - b_1)^2\right] \tag{3}$$

entsteht und das größte Moment in dem beliebigen Punkte m durch den Ausdruck

$$M = M_{\max} - 4\,\frac{x^2}{l^2}\,(M_{\max} - M_0) \tag{4}$$

angegeben werden kann, wobei

$$M_0 = \frac{r\,p_1}{r - p_1}\cdot\frac{(b_1 - a_1)^2}{8} \tag{5}$$

ein ideelles Moment über der Auflagerlotrechten darstellt.

Die Parabel der Größtmomente (Gl. 4) schneidet die Abszissenachse im Abstande:

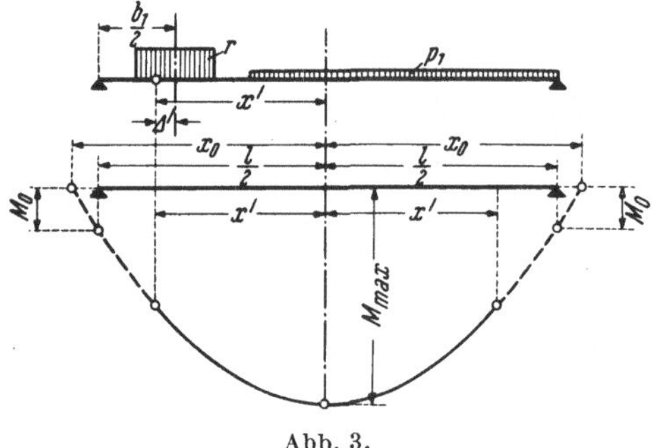

Abb. 3.

$$x_0 = \pm\,\frac{l}{2}\sqrt{\frac{1}{1 - \dfrac{M_0}{M_{\max}}}} \tag{6}$$

und sie gilt, entsprechend unserer Voraussetzung, daß sich der vollständige Lastenzug auf dem Träger befinden muß, nicht über die ganze Stützweite, sondern nur bis zu jenem Querschnitt, für welchen bei der ungünstigsten Laststellung die Verkehrsgleichlast einseitig verschwindet. Seine Lage ergibt sich (s. Abb. 3) aus der Bedingung:

$$x' - \varDelta' = \frac{1}{2}\,(l - b_1)$$

unter Verwendung der Gl. (2) zu:

$$x' = \frac{l}{2}\cdot\frac{(l - b_1)\,(r - p_1)}{r\,(l - a_1) - p_1\,(l - b_1)}\,. \tag{7}$$

Bei den normenmäßigen Belastungsgrößen ist das ideelle Moment über den Auflagern, das übrigens [s. Gl. (5)] von l unabhängig ist, sehr klein, der Wert x_0 daher nur wenig größer als $\dfrac{l}{2}$.

Der genaue Verlauf der Größtmomente zwischen $x = x'$ und $x = \dfrac{l}{2}$ müßte unter Wegfall der linksseitigen Verkehrsgleichlast bestimmt werden. Die Behandlung eines solchen Falles führt nicht zu so einfachen Beziehungen wie der vollständige Lastenzug. Es wäre unangebracht, dafür gesonderte Ausdrücke aufzustellen. Der Gültigkeitsbereich der Formel (4) wird nur bei kleinen Stützweiten sehr klein sein, er wird 0 bei $l = b_1$, oder mit dem Normwerte $b_1 = 6{,}00$ m bei $l = 6{,}00$ m. Bei so kleinen Stützweiten ist jedoch im allgemeinen nur die Kenntnis des absolut größten Momentes notwendig. Bei wachsender Stützweite wächst der Wert x' und der Bereich zwischen x' und $\dfrac{l}{2}$ wird im Verhältnis zur Stützweite immer kleiner. Der Verlauf der Größtmomente in der Nähe der Auflager ist aber praktisch ohne Bedeutung.

Man wird daher die Gl. (4) von der Stützweite $l = b_1 = 6{,}00$ m an unbeschränkt anwenden können. Stützweiten unter diesem Betrag sollen außer Betracht bleiben. Setzt man in den obigen Ausdrücken $p_1 = 0$, so erhält man die entsprechenden Werte für die allein verkehrende Raupenlast.

Der Vollständigkeit wegen sei nochmals erwähnt, daß zur exakten Untersuchung noch zu prüfen ist, ob die Vollbelastung mit p_1 allein nicht größere Momente liefert, ein Fall, der, solange es sich um die normenmäßige Belastung handelt, nicht vorkommen wird.

2. Lastenzug II.

Wir gehen ebenfalls wieder von der Einflußlinie für das Moment in einem beliebigen Punkte aus (Abb. 4) und verwenden wie vorhin den vollständigen Lastenzug. Im Gegensatz zu der Raupenlast ist hier jedoch die ungünstigste Laststellung für einen beliebigen Querschnitt sofort dadurch gegeben, daß die größere der beiden Einzellasten, das ist annahmegemäß P_1 über der Einflußlinienspitze zu stehen kommt, immer vorausgesetzt, daß die Vollbelastung mit p_2 allein nicht größere Momente liefert. Es ist dabei aber nicht gleichgültig, ob die kleinere Last (P_2) sich rechts oder links von der größeren (P_1) be-

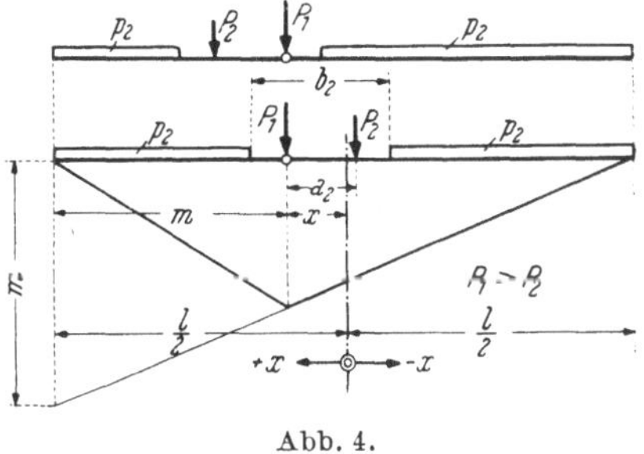

Abb. 4.

findet. Beide Fälle müssen untersucht werden. Betrachten wir zunächst den ersteren (P_2 rechts von P_1), so ergibt die analytische Auswertung der Einflußlinie als Verlauf der Größtmomente eine Parabel mit dem Ausdruck:

$$M = (P_1 + P_2)\,\frac{1}{l}\left(\frac{l^2}{4} - x^2\right) - P_2\,\frac{a_2}{l}\left(\frac{l}{2} - x\right) +$$

$$+ \frac{p_2}{8\,l}\,[a_2{}^2\,l + (l - b_2)^2\,l - 4\,a_2\,b_2\,x - 4\,(l - 2\,b_2)\,x^2] \tag{8}$$

deren Scheitel von der Trägermitte um den Betrag

$$e = \frac{a_2}{2}\,\frac{2\,P_2 - p_2\,b_2}{2\,(P_1 + P_2) + p_2\,(l - 2\,b_2)} \tag{9}$$

entfernt ist (Abb. 5), den man aus dem Null gesetzten Differentialquotienten nach x der Gl. (8) gewinnt. Das in diesem Querschnitt auftretende größte Balkenmoment überhaupt erhält unter Verwendung des vorigen Ausdruckes die Größe:

$$M_{\max} = M_m + \frac{a_2^{\;2}}{8\,l} \cdot \frac{(2\,P_2 - p_2\,b_2)^2}{2\,(P_1 + P_2) + p_2\,(l - 2\,b_2)}\,, \tag{10}$$

worin

$$M_m = \frac{1}{4}\,(P_1 + P_2)\,l - \frac{1}{2}\,P_2\,a_2 + \frac{p_2}{8}\,[a_2^{\;2} + (l - b_2)^2] \tag{11}$$

das größte Moment in Feldmitte darstellt. Für einen beliebigen Punkt kann der Ausdruck (8) unter Verwendung von Gl. (9) und (10) umgeformt werden zu:

$$M = M_{\max}\left[1 - \frac{(x - e)^2}{s_0^{\;2}}\right]. \tag{12}$$

Hierin bedeutet

$$s_0 = 2\sqrt{\frac{l}{2}\;\frac{M_{\max}}{2\,(P_1 + P_2) + p_2\,(l - 2\,b_2)}} \tag{13}$$

die halbe Sehnenlänge der Momentenparabel in der Abszissenachse. Der Verlauf dieser Momente ist in der Abb. 5 durch eine dicke Linie dargestellt. Dabei ist angenommen, daß der Wert e positiv ist, d. h. daß das überhaupt größte Moment links von der Balkenmitte auftritt. Nach Gl. (9) trifft dies bei der Bedingung

$$2\,P_2 > p_2\,b_2 \tag{14}$$

zu.

Kehrt man die Reihenfolge der Einzellasten um, steht also P_2 links von P_1, so wird e negativ und es ergibt sich die gleiche Momentenparabel in symmetrischer Lage zur Balkenmitte. (In Abb. 5 mit einer dünnen Linie gezeichnet.)

Maßgebend sind jeweils immer die vom Scheitel weg zum Auflager gelegenen Teile der Momentenparabel. Der Verlauf in Balkenmitte kann durch die Tangente an die Parabelscheitel festgehalten

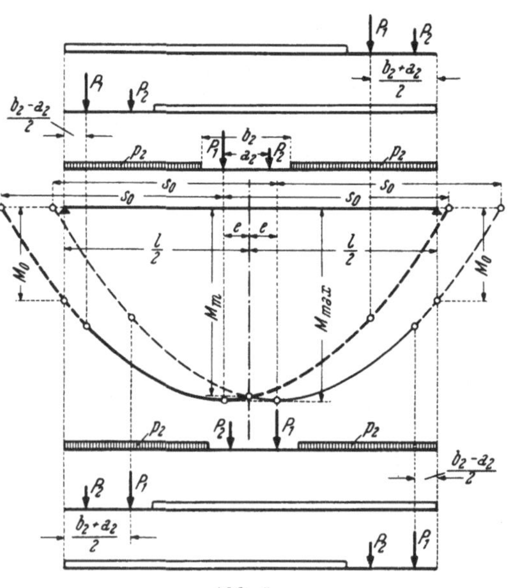

Abb. 5.

werden. Die Gültigkeit dieser Linien ist jedoch an die Voraussetzung gebunden, daß sich der vollständige Lastenzug auf dem Träger befindet, die Grenzen sind demnach durch jene Laststellungen gegeben, bei welchen die neben der Last P_1 vorhandene Verkehrsgleichlast verschwindet. Das geschieht für die um den Betrag $\dfrac{b_2 - a_2}{2}$ vom Auflager weg gelegenen Balkenquerschnitte. In Abb. 5 sind diese Grenzstellungen des Lastenzuges und dessen Lage beim Erreichen des absoluten Größtmomentes oben für den Fall P_2 rechts von P_1 und unten für den Fall P_2 links von P_1 angedeutet, der Bereich der gültigen Momentenparabeln selbst durch volle Linien dargestellt. Das ideelle Moment über den Auflagerlotrechten ergibt sich aus Gl. (12) für $x = \dfrac{l}{2}$ mit dem Wert:

$$M_0 = \frac{p_2}{8}(b_2 - a_2)^2. \qquad (15)$$

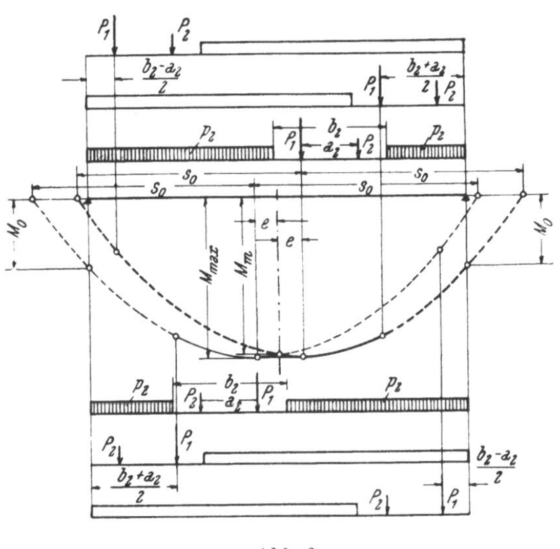

Abb. 6.

Es muß nun noch untersucht werden, welche Folgen eine Nichterfüllung der Bedingung (14) hat, wenn also

$$2\,P_2 < p_2\,b_2 \qquad (14\,\mathrm{a})$$

ist. Dies wird bei im Verhältnis zu der Verkehrsgleichlast kleinen Werten der Last P_2 eintreten. In diesem Falle wechseln die beiden Momentenparabeln ihren Platz. Für die rechte Trägerhälfte ist die zu der Lastenfolge P_2 rechts von P_1 gehörige Parabel maßgebend, in der linken Trägerhälfte gilt jene, die sich aus der Lastenfolge P_2 links von P_1 ergibt. In der Abb. 6 sind diese Zusammenhänge mit den zugehörigen Laststellungen dargestellt, wobei wie früher die stark gezeichnete Linie dem erstgenannten und die dünne Linie dem zweitgenannten Lastenzug entsprechen. Die beiden Momentenparabeln sind dieselben wie vor, es ist jetzt jedoch zu beachten, daß in dem Ausdruck für das Moment an beliebiger Stelle [Gl. (12)] die Abszissenwerte x mit negativen Vorzeichen einzuführen sind, da diese Beziehung für die Lastenfolge P_2 rechts von P_1 gilt und, wie schon erwähnt wurde, jetzt die rechte Hälfte der Parabel maßgebend wird. Ferner ändern sich die Gültigkeitsgrenzen der Parabeln: sie reichen nur bis zu jenem Balkenquerschnitt, der von den Auflagern um das Maß $\dfrac{b_2 + a_2}{2}$ entfernt ist; schließlich erhalten die ideellen Momente in den Auflagerlotrechten den Wert:

$$M_0 = \frac{p_2}{8}(b_2 - a_2)^2 - P_2 a_2. \qquad (15\,\mathrm{a})$$

Der Bereich der gültigen Momentenparabeln erstreckt sich demnach auf eine Länge von

$$\frac{1}{2}\left[l-(b_2-a_2)\right]\ \text{oder}\ \frac{1}{2}\left[l-(b_2+a_2)\right]$$

zu beiden Seiten der Trägermitte, je nach dem Wert von e.

Aus den gleichen Erwägungen wie bei der Raupenlast verzichten wir auch hier auf die Aufstellung von Ausdrücken für den Momentenverlauf für solche Laststellungen, bei welchen die Verkehrsgleichlast einseitig verschwindet. Sie führen nur zu unhandlichen Formeln und sind aus denselben Gründen wie früher praktisch ohne Bedeutung, denn auch hier ist der Übergriff der entwickelten Momentenparabeln über die Stützweite hinaus für die normenmäßigen Lastenzüge klein. Wir lassen demnach die durch die Gl. (12) dargestellte Momentenparabel allgemein gelten.

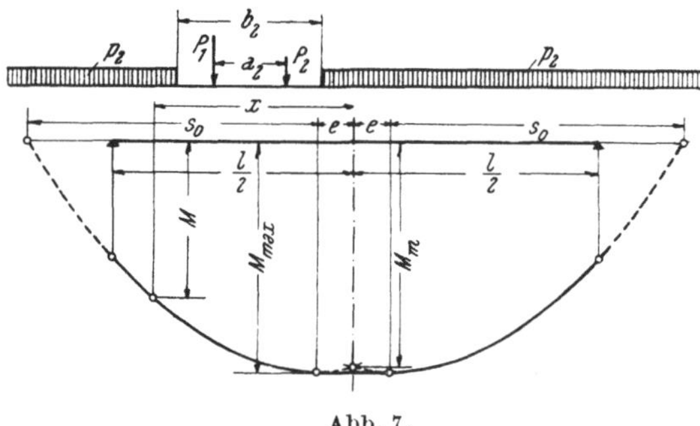
Abb. 7.

Von dem wechselnden Vorzeichen des Abstandes e und der dadurch bedingten Berücksichtigung einer verschiedenen Lage der Abszisse können wir uns unabhängig machen, wenn in der Beziehung (12) sowohl e als auch x mit den absoluten Werten eingesetzt werden.

Zusammengefaßt stellt sich demnach der Verlauf der maximalen Momente in folgender Weise dar, wenn man zur Vereinfachung der Formeln die beiden Hilfswerte:

$$\left.\begin{aligned} k_1 &= 2\,P_2-p_2\,b_2\\ k_2 &= 2\,(P_1+P_2)+p_2\,(l-2\,b_2) \end{aligned}\right\} \tag{16}$$

einführt (s. Abb. 7, die, wie Abb. 5 und 6, der Deutlichkeit wegen stark verzerrt gezeichnet ist).

Das absolut größte Moment tritt in der Entfernung:

$$e=\frac{a_2}{2}\,\frac{k_1}{k_2} \tag{17}$$

von der Balkenmitte auf und es hat den Wert:

$$M_{\max}=M_m+\frac{a_2^{\,2}}{8\,l}\,\frac{k_1^{\,2}}{k_2} \tag{18}$$

wobei

$$M_m=\frac{1}{4}\,(P_1+P_2)\,l-\frac{1}{2}\,P_2\,a_2+\frac{p_2}{8}\,[a_2^{\,2}+(l-b_2)^2] \tag{19}$$

das Moment in Balkenmitte darstellt. An beliebiger Stelle x (links oder rechts der Balkenmitte) ist das Moment gegeben durch:

$$M = M_{\max}\left[1 - \frac{(|x|-|e|)^2}{s_0^2}\right].\qquad(20)$$

Hiebei ist zu beachten, daß $|x|$ und $|e|$ Absolutwerte sind und

$$s_0^2 = 2l\,\frac{M_{\max}}{k_2}\qquad(21)$$

das Quadrat der halben Parabelsehne in der Abszissenachse bedeutet. Die ideellen Momente in den Auflagerlotrechten sind in dem allgemeinen Ausdruck (20) mitenthalten. Die Lastenfolge ist gleichgültig und braucht nicht besonders untersucht zu werden. Hingegen ist es erforderlich, zu prüfen, ob die Vollbelastung mit p_2 allein, nicht größere Momente liefert.

Die Grenzstützweite, für welche die oben abgeleiteten Beziehungen noch Geltung haben, müßte aus der Bedingung, daß die Verkehrsgleichlast einseitig verschwindet, ermittelt werden. Sie lautet (s. Abb. 8)

$$l' = a_2 + b_2 - 2\,e\qquad(22)$$

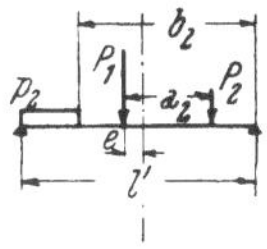

und führt, da e von l' abhängig ist, zu einer quadratischen Gleichung für l'. Da e im allgemeinen sehr klein sein wird, kann man für diesen Zweck die Laststellung für das absolut größte Moment so annehmen, daß P_1 in Balkenmitte zu stehen kommt, setzt also $e = 0$ und erhält sodann die Näherung:

$$l' \doteq a_2 + b_2\qquad(22\text{a})$$

Abb. 8.

was mit den normenmäßigen Werten $a_2 = 3{,}00$ m und $b_2 = 6{,}00$ m eine Grenzstützweite von $l' = 9{,}00$ m ergibt.

B. Querkräfte.

Hier ist es nur notwendig, das A-Polygon für die beiden Lastenzüge analytisch darzustellen. Wenn auch diese Untersuchung nichts Neues bringt, so soll sie, der Einheitlichkeit und Vollständigkeit wegen, hier Platz finden.

1. Lastenzug I.

Aus der Einflußlinie für die Querkraft an beliebiger Stelle folgen, wenn man den Abstand des betrachteten Balkenquerschnittes vom rechten Auflager, die Belastungslänge, mit λ bezeichnet (s. Abb. 9): Der Auflagerdruck:

$$A = r\,a_1\left(1 - \frac{a_1}{2\,l}\right) + p_1\,\frac{l}{2}\left(1 - \frac{a_1 + b_1}{2\,l}\right)^2\qquad(23)$$

und die Querkräfte:

im Bereich: $l \geq \lambda \geq \dfrac{a_1 + b_1}{2}$

$$Q = r\,a_1\left(\frac{\lambda}{l} - \frac{a_1}{2\,l}\right) + p_1\frac{l}{2}\left(\frac{\lambda}{l} - \frac{a_1 + b_1}{2\,l}\right)^2,\qquad (24\,\mathrm{a})$$

im Bereich: $\dfrac{a_1 + b_1}{2} \geq \lambda \geq a_1$

$$Q = r\,a_1\left(\frac{\lambda}{l} - \frac{a_1}{2\,l}\right)\qquad (24\,\mathrm{b})$$

im Bereich: $a_1 \geq \lambda$

$$Q = r\,\frac{\lambda^2}{2\,l}.\qquad (24\,\mathrm{c})$$

Den Verlauf der größten Querkräfte zeigt Abb. 10.

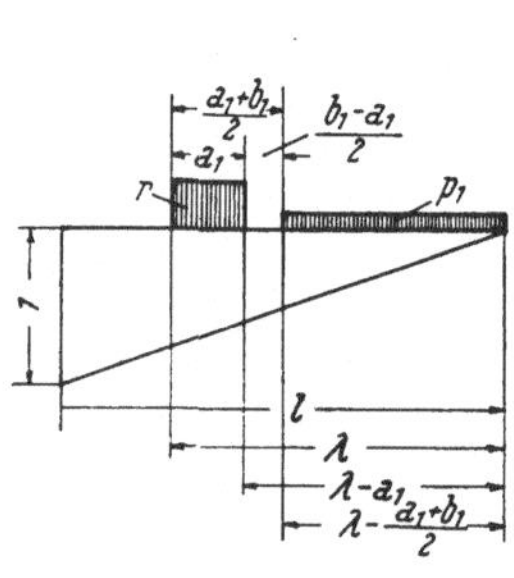

Abb. 9.

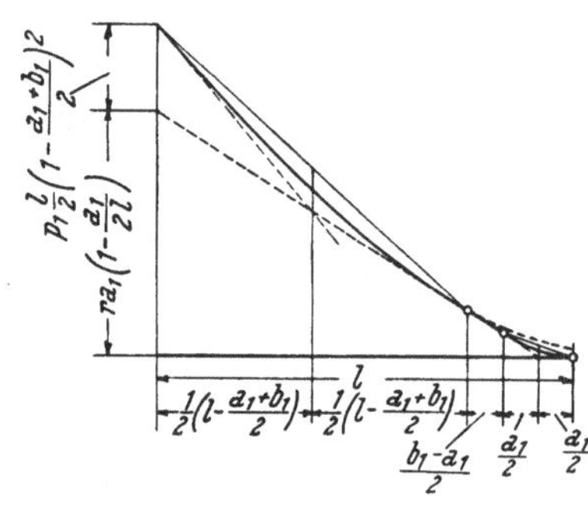

Abb. 10.

2. Lastenzug II.

Es ergibt sich wie früher (s. Abb. 11):
Der Auflagerdruck:

$$A = P_1 + P_2\left(1 - \frac{a_2}{l}\right) + p_2\frac{l}{2}\left(1 - \frac{a_2 + b_2}{2\,l}\right)^2\qquad (25)$$

und die Querkräfte:

im Bereich: $l \geq \lambda \geq \dfrac{a_2 + b_2}{2}$

$$Q = P_1\frac{\lambda}{l} + P_2\frac{\lambda - a_2}{l} + p_2\frac{l}{2}\left(\frac{\lambda}{l} - \frac{a_2 + b_2}{2\,l}\right)^2\qquad (26\,\mathrm{a})$$

im Bereich: $\dfrac{a_2 + b_2}{2} \geq \lambda \geq a_2$

$$Q = P_1\frac{\lambda}{l} + P_2\frac{\lambda - a_2}{l}\qquad (26\,\mathrm{b})$$

im Bereich: $a_2 \geq \lambda$

$$Q = P_1\frac{\lambda}{l}.\qquad (26\,\mathrm{c})$$

In Abb. 12 sind diese Querkräfte dargestellt.

Man wird bei beiden Lastenzügen praktisch auf die sprungweise Änderung des A-Polygons am rechten Balkenende, falls dieser Bereich

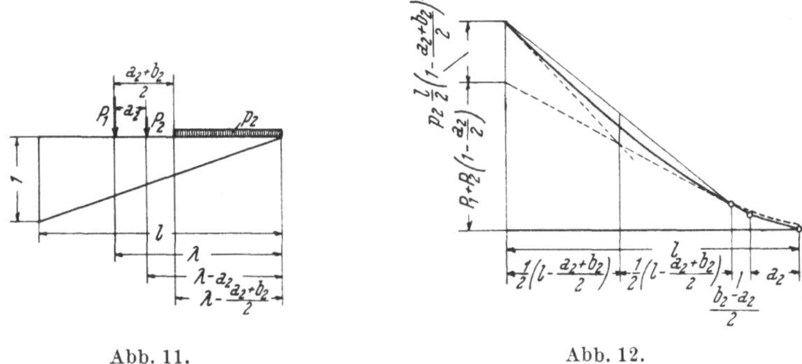

Abb. 11.   Abb. 12.

überhaupt benötigt wird, verzichten und nur die durch die Gl. (24 a) und (26 a) festgelegte Parabel verwenden können (in Abb. 10 und 12 gestrichelt dargestellt), so daß man bei jedem Lastenzug mit einer einzigen Formel auskommt.

II. Summeneinflußwerte für den Durchlaufträger über zwei gleiche Felder.

A. Momente.

1. Allgemeine Voraussetzungen.

Wir gehen wieder von den Einflußlinien aus, setzen aber voraus, daß der Träger unveränderliches Trägheitsmoment besitzt. Demgemäß tragen die gewonnenen Ergebnisse den Charakter einer Näherung, da die gemachte Annahme bei Brückentragwerken nur selten zutreffen wird. Eine Untersuchung über die näherungsweise Berücksichtigung einer Querschnittsveränderlichkeit, wie sie bei Stahlbeton durch Anordnung von Vouten üblich ist, wird in Abschn. III durchgeführt und soll die Möglichkeit geben, in derartigen oder ähnlichen Fällen Momente und Querkräfte auch ohne Aufstellung und Auswertung von Einflußlinien mit genügender Genauigkeit zu ermitteln.

Für die weitere Untersuchung ist es notwendig, sich zunächst ein Bild über die Arten und Formen der Einflußlinien zu machen.

2. Formen der Einflußlinien.

Die Einflußlinien der Momente für einen Zweifeldträger haben — das Stützenmoment mit eingeschlossen — drei verschiedene Formen:
Form nach Abb. 13 a. Sie besteht aus einem positiven und einem negativen Teil, die Trennung erfolgt an der Mittelstütze. Der positive

Teil besteht aus zwei Ästen. Mit den Bezeichnungen der Abb. 13 a lassen sich die Einflußlinien wie folgt darstellen:

$$\text{Bereich 1: } y_1 = \frac{1}{4}\,\frac{x_1}{l^3}\,(4\,l^3 - 5\,m\,l^2 + m\,x_1^2)\,. \tag{27 a}$$

$$\text{Bereich 2: } y_2 = \frac{1}{4}\,\frac{m}{l^3}\,(4\,l^3 - 5\,l^2\,x_2 + x_2^3)\,. \tag{27 b}$$

$$\text{Bereich 3: } y_3 = -\frac{1}{4}\,\frac{x_3}{l^3}\,m\,(l^2 - x_3^2) \tag{27 c}$$

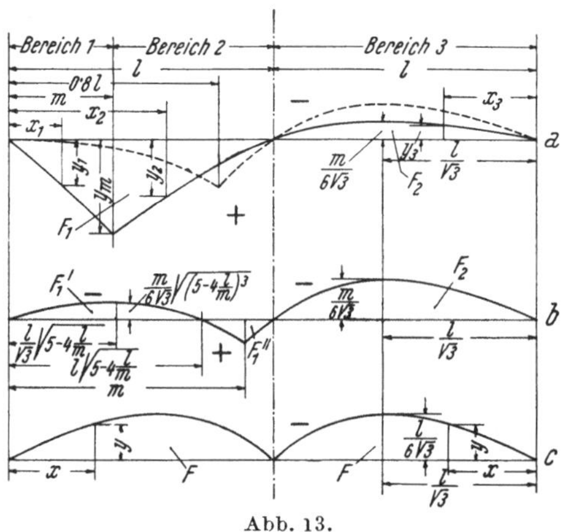

Abb. 13.

Im betrachteten Balkenquerschnitt, dessen Abstand von der Randstütze wir mit m bezeichnen wollen, ist der Einflußwert aus Gl. (27 a) oder (27 b), wenn x_1 oder $x_2 = m$ gesetzt wird:

$$y_m = \frac{1}{4}\,\frac{m}{l^3}\,(4\,l^3 - 5\,m\,l^2 + m^3)\,. \tag{28}$$

Seinen Größtwert erreicht er aus der Bedingung:

$$\frac{dy_m}{dm} = 4\,l^3 - 10\,l^2\,m + 4\,m^3 = 0$$

für $m = 0{,}4324\,l$ $\hspace{2cm}$ (28 a)

mit $y_{\max} = 0{,}2074\,l$. $\hspace{2cm}$ (28 b)

Für die positive Teilfläche der Einflußlinie (Bereich 1 und 2) erhält man den Ausdruck:

$$F_1 = \frac{1}{16}\,m\,(7\,l - 8\,m), \tag{29}$$

der aus $\dfrac{d\,F_1}{dm} = 7\,l - 16\,m = 0$

$$\text{für } m = \frac{7}{16} l = 0{,}4375\, l \tag{29 a}$$

$$\text{mit } F_{1\,\text{max}} = 0{,}0957\, l^2 \tag{29 b}$$

seinen Größtwert erreicht.

Wie man aus dem Vergleich von (28 a) und (29 a) erkennt, liegen die Größtwerte des positiven Momentes für eine Einzellast und für Vollbelastung eines Feldes sehr nahe beisammen; ihr Abstand beträgt nur $0{,}0051\, l$.

Die negativen Einflußwerte verlaufen über das ganze Feld stetig [Gl. (27 c)]; der Größtwert tritt bei

$$x_3 = \frac{1}{\sqrt{3}}\, l = 0{,}577\, l \tag{30}$$

mit

$$y_{3\,\text{max}} = -\frac{\sqrt{3}}{18}\, m = -0{,}0962\, m \tag{30 a}$$

ein; sein Ort ist von der Lage des Balkenquerschnittes unabhängig.

Die negative Einflußfläche selbst ergibt sich mit:

$$F_2 = -\frac{1}{16}\, lm. \tag{31}$$

Die Form nach Abb. 13 a tritt nur so lange auf, als die Tangente an die Einflußlinie des Bereiches 1 im Endauflager positiv bleibt. Die Grenze ist erreicht, wenn für $x_1 = 0$

$$\frac{dy_1}{dx_1} = 4\, l^3 - 5\, m\, l^2 + 3\, m\, x_1^2 = 0 \tag{32}$$

wird. Das ergibt für m den Grenzwert:

$$m = 0{,}8\, l \tag{33}$$

und die Einflußlinie erhält in diesem Falle die in Abb. 13 a gestrichelt gezeichnete Gestalt.

Für $l > m > 0{,}8\, l$ entsteht die

Form nach Abb. 13 b. Hier sind eine positive und zwei negative Teilflächen vorhanden. Die Gl. (27 a) bis (27 c) und (28) bleiben gültig. Der Schnittpunkt des ersten Astes der Einflußlinie mit der Abszissenachse ergibt sich aus $y_1 = 0$ mit

$$x_{1,0} = l\,\sqrt{5 - 4\,\frac{l}{m}}. \tag{34 a}$$

Seine größte Ordinate erhält dieser Teil aus Gl. (32) für

$$x_1' = \frac{l}{\sqrt{3}} \sqrt{5 - 4\,\frac{l}{m}} \tag{34 b}$$

mit

$$y_{1\,\mathrm{max}} = -\,\frac{m}{6\sqrt{3}} \sqrt{\left(5 - 4\,\frac{l}{m}\right)^3}\,.$$

Die Einflußflächen sind:
Im linken Feld:

$$\left.\begin{aligned}
F_1' &= -\,\frac{1}{16}\,lm\left(5 - 4\,\frac{l}{m}\right)^2 \\
F_1'' &= \frac{1}{2}\,m^2\left(\frac{l}{m} - 1\right)^2\left(2\,\frac{l}{m} - 1\right)
\end{aligned}\right\}. \tag{35}$$

Im rechten Feld gilt unverändert Gl. (31) mit $F_2 = -\,\dfrac{1}{16}\,lm$.

Wir werden diese Form der Einflußlinie nur für die Bestimmung der negativen, nicht aber der positiven Feldmomente benützen, da positive Feldmomente in dem Bereich zwischen $0,8\,l$ und $1,0\,l$ keine Rolle spielen.

Für $m = l$ geht schließlich aus Gl. (27a) oder (27c) die Einflußlinie für ein Feldmoment in jene für das Stützenmoment über (Abb. 13c), die aus zwei symmetrischen Ästen von der Gleichung:

$$y = -\,\frac{1}{4}\,\frac{x}{l^2}\,(l^2 - x^2) \tag{36}$$

besteht. Aus dem Vergleiche der Gl. (36) und (27c) ist ersichtlich, daß die Werte des negativen Teiles der Einflußlinie für einen beliebigen Feldquerschnitt Proportionalwerte zu jenen des Stützenmomentes sind. Man kann daher unter Verwendung von Gl. (36) auch schreiben:

$$y_3 = \frac{m}{l}\,y. \tag{27 d}$$

Demgemäß ergibt sich der Größtwert der Einflußordinate für das Stützenmoment an der gleichen, schon durch Gl. (30) ausgedrückten Stelle, nämlich bei

$$x' = \frac{1}{\sqrt{3}}\,l = 0,577\,l \tag{37}$$

mit

$$y_{\mathrm{max}} = -\,\frac{\sqrt{3}}{18}\,l. \tag{37 a}$$

Für die Einflußfläche über eine Feldweite entsteht aus Gl. (31) mit $m = l$

$$F = -\frac{1}{16}\, l^2. \tag{38}$$

Nach dieser Vorbereitung kann an die Auswertung der Einflußlinien mit den beiden Lastenzügen geschritten werden. Hiebei müssen wir — im Gegensatz zum freien Balken — eine einschränkende Voraussetzung machen, die erst eine verhältnismäßig einfache Darstellung der Summeneinflußwerte erlaubt, praktisch aber — wenigstens bei den Größenverhältnissen der normenmäßigen Lasten — ohne Bedeutung ist. Sie besteht darin, daß dort, wo die ungünstigste Laststellung nicht von vornherein durch eine Unstetigkeit im Verlaufe der Einflußlinie gegeben ist, diese für das Fahrzeug (Raupe oder Einzellastenzug) allein bestimmt und die gleichförmig verteilte Belastung an diese Laststellung einfach angeschlossen wird. Dies trifft bei Lastenzug I in allen Fällen, bei Lastenzug II bei der Ermittlung der negativen Momente und der negativen Auflagerdrücke an der Randstütze zu.

3. Lastenzug I. Positive Feldmomente, Einfluß der Raupenlast.

(Form der Einflußlinie nach Abb. 13a.)

Wir stellen entsprechend der Abb. 14 die Raupenlast so auf, daß ihre Ränder zu beiden Seiten der Einflußlinienspitze zu liegen kommen, und bezeichnen den Abstand ihrer Resultierenden vom Endauflager mit x_0. Mit Hilfe der Gl. (27a) und (27b) für die beiden Äste der Einflußlinien läßt sich das Moment allgemein durch folgenden Ausdruck angeben:

$$M = \frac{1}{4}\,\frac{r}{l^3}\left[m\,a_1 x_0^3 - 2\,l^3 x_0^2 + \left(2\,l^3 a_1 + 4\,l^3 m - 5\,l^2 m a_1 + \frac{1}{4}\,m\,a_1^3\right)x_0 - \frac{l^3}{2}\,(2\,m - a_1)^2 \right]. \tag{39}$$

Es erlangt seinen Größtwert, wenn $\dfrac{d\,M}{d x_0} = 0$ wird; das ergibt für x_0 die Bestimmungsgleichung:

$$3\,m\,a_1 x_0^2 - 4\,l^3 x_0 + 2\,l^3 a_1 + 4\,l^3 m - 5\,l^2 m a_1 + \frac{1}{4}\,m\,a_1^3 = 0. \tag{40}$$

Man kann leicht nachweisen, daß diese Bedingung erfüllt ist, wenn die Raupe so aufgebracht wird, daß die Ordinaten an ihren Rändern (y_1' und y_2') gleich groß sind (Abb. 14).

Die Gl. (39) und (40) stellen bereits die exakte theoretische Lösung vor. Sie hat nur den Nachteil, daß sie in dieser Form praktisch nicht gut brauchbar ist. Der Versuch, aus den Gl. (39) und (40) geschlossene Ausdrücke für das Moment an beliebiger Stelle zu entwickeln oder gar den absoluten Größtwert des Momentes zu bestimmen, führt zu sehr verwickelten Beziehungen. Wir müssen hier zu einer tabellenmäßigen Darstellung greifen. Vorher soll jedoch noch untersucht werden, bis zu welchen Grenzlagen der Raupe — ohne Berücksichtigung der anzuschließenden Verkehrsgleichlast — die Gl. (39) Geltung besitzt.

Die äußerste linke Stellung der Raupe ist gegeben durch den Abstand $x_0' = \dfrac{a_1}{2}$ (Abb. 14, unten). Setzt man diesen Wert in die Gl. (40) ein, so erhält man den zugehörigen Balkenquerschnitt, für welchen diese Grenzlage möglich ist, mit $m' = 0$. Wandert die Raupe nach rechts, so ist ihre äußerste Stellung jetzt durch $x_0'' =$

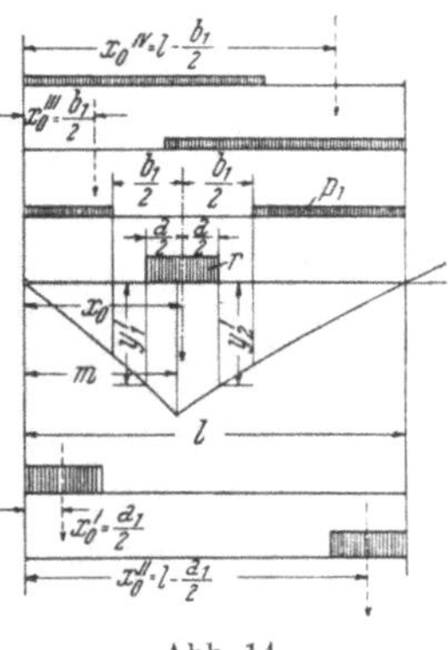

$= l - \dfrac{a_1}{2}$ bestimmt (Abb. 14, unten). In der gleichen Weise wie vor ergibt sich für den in diesem Falle möglichen Querschnittsort die Bedingung:

$$m'' = \frac{4\,l^3}{4\,l^2 + 2\,l\,a_1 - a_1{}^2}\,.$$

Die Raupenlänge kann niemals größer werden als l. Verwendet man daher in der obigen Gleichung $a_1 = l$, so gewinnt man $m'' = 0,8\,l$. Wird $a_1 < l$, so ergeben sich für m'' Werte zwischen $0,8\,l$ und $1,0\,l$. Nun ist aber $m'' = 0,8\,l$ die Grenze, für welche die betrachtete Form der Einflußlinie gerade noch gilt [Gl. (33)]. Man kann daher sagen, daß die angenommene Belastungsart in dem Bereiche zwischen $m = 0$ und $m = 0,8\,l$ unbeschränkt angenommen werden darf.

Für die tabellarische Darstellung werden die Gl. (39) und (40) durch Einführung von Verhältniswerten und Hilfsgrößen etwas übersichtlicher gestaltet. Wir bezeichnen:

$$\frac{m}{l} = \overline{m}, \qquad \frac{a_1}{l} = \overline{a}_1, \qquad \frac{x_0}{l} = \alpha \tag{41}$$

und setzen zur Abkürzung:

$$\left.\begin{aligned}
i_1 &= 8\,(2\,\overline{m} + \overline{a}_1) - \overline{m}\,\overline{a}_1\,(20 - \overline{a}_1{}^2)\\
i_2 &= \frac{2}{3\,\overline{m}\,\overline{a}_1}\\
i_3 &= \frac{1}{8}\,(2\,\overline{m} - \overline{a}_1)^2
\end{aligned}\right\} \tag{42}$$

Dann lautet die Bestimmungsgleichung für α:

$$\alpha^2 - 2\,i_2\,\alpha + \frac{1}{8}\,i_1\,i_2 = 0, \tag{43}$$

und aus der Gl. (39) wird:

$$M = r\,l^2 \left[\frac{1}{6\,i_2}\,\alpha^3 - \frac{1}{2}\,\alpha^2 + \frac{1}{16}\,i_1\,\alpha - i_3 \right].\qquad (39\,\mathrm{a})$$

Der Klammerausdruck in der vorstehenden Gleichung kann noch dadurch etwas vereinfacht werden, daß man darin die aus der Gl. (43) herrührende Beziehung

$$\frac{1}{8}\,i_1 = 2\,\alpha - \frac{1}{i_2}\,\alpha^2$$

verwendet. Man erhält dadurch für das größte Moment im Punkte m mit der Hilfsgröße:

$$A_1 = \frac{1}{2}\,\alpha^2 - \frac{1}{3\,i_2}\,\alpha^3 - i_3 \qquad (44)$$

den Ausdruck:

$$M = A_1\,r\,l^2. \qquad (45)$$

4. Lastenzug I. Positive Feldmomente, Einfluß der Verkehrsgleichlast.

(Form der Einflußlinie nach Abb. 13a.)

Die Laststellung ist durch die Lage der Raupenlast schon bestimmt. Man erhält das Moment aus der Verkehrsgleichlast, wenn man von dem Moment aus der Vollbelastung des Feldes [Gl. (29)] den Einfluß einer symmetrisch zu x_0 gelegenen Streifenlast von der Länge b_1 abzieht (Abb. 14, oben). Dieser Einfluß läßt sich aus der Gl. (39) ermitteln, wenn darin die Raupenlänge a_1 durch die Fahrzeuglänge b_1 ersetzt wird. Man erhält auf diese Weise:

$$M = \frac{1}{16}\,p_1\,m\,(7\,l - 8\,m) -$$

$$- \frac{1}{4}\,\frac{p_1}{l^3}\left[m\,b_1\,x_0^3 - 2\,l^3 x_0^2 + \left(2\,l^3 b_1 + 4\,l^3 m - 5\,l^2 m\,b_1 + \frac{1}{4}\,m\,b_1^3 \right) x_0 - \frac{l^3}{2}(2\,m - b_1)^2 \right].\ (46)$$

Wir führen wieder die Bezeichnungen (41), ferner das für ein bestimmtes Raupenfahrzeug unveränderliche Verhältnis

$$\nu_1 = \frac{b_1}{a_1} \qquad (47)$$

ein, setzen zur Abkürzung in ähnlicher Weise wie bei (42):

$$\left.\begin{aligned}
i_4 &= 8\,(2\,\overline{m} + \nu_1\,\overline{a}_1) - \nu_1\,\overline{m}\,\overline{a}_1\,(20 - \nu_1{}^2\overline{a}_1{}^2) \\
i_5 &= \frac{2}{3\,\nu_1\,\overline{m}\,\overline{a}_1} = \frac{i_2}{\nu_1} \\
i_6 &= \frac{1}{8}\,(2\,\overline{m} - \nu_1\,\overline{a}_1)^2
\end{aligned}\right\} \qquad (48)$$

und gewinnen dadurch mit den Hilfsgrößen:

$$\left.\begin{aligned}
&\underline{\Phi_1 = \frac{1}{16}\,\overline{m}\,(7 - 8\,\overline{m})\ \text{und}} \\
&\underline{A_2 = \Phi_1 - \left[\frac{1}{6\,i_5}\,\alpha^3 - \frac{1}{2}\,\alpha^2 + \frac{1}{16}\,i_4\,\alpha - i_6\right]}
\end{aligned}\right\} \qquad (49)$$

in welchen α wie früher durch Gl. (43) bestimmt ist, für das Moment aus der dem Raupenfahrzeug angeschlossenen Verkehrsgleichlast den Ausdruck:

$$\underline{M = A_2\,p_1\,l^2.} \qquad (50)$$

Seine Gültigkeit ist an die Voraussetzung gebunden, daß die Verkehrsgleichlast links und rechts des Raupenfahrzeuges gleichzeitig vorhanden ist. Es ist leicht möglich, die Grenzen dafür zu ermitteln. Die äußerste Stellung des Lastenzuges an der Randstütze ist dadurch gegeben, daß die linksseitige Verkehrsgleichlast verschwindet (Abb. 14, oben). Es ist dann $x_0 = \frac{b_1}{2}$ oder $\alpha = \nu_1\,\frac{\overline{a}_1}{2}$. Setzt man diesen Wert in Gl. (43) ein, so erhält man als Grenzwert für $\overline{m}$ den Ausdruck:

$$\overline{m}_l = 8\,\overline{a}_1\,\frac{\nu_1 - 1}{\overline{a}_1{}^3\,(3\,\nu_1{}^2 + 1) - 20\,\overline{a}_1 + 16}. \qquad (51)$$

In gleicher Weise ergibt sich an der Mittelstütze (Abb. 14, oben) für $x_0 = l - \frac{b_1}{2}$ oder $\alpha = 1 - \nu_1\,\frac{\overline{a}_1}{2}$

$$\overline{m}_r = 8\,\frac{2 - \overline{a}_1\,(\nu_1 + 1)}{\overline{a}_1{}^3\,(3\,\nu_1{}^2 + 1) - 12\,\nu_1\,\overline{a}_1{}^2 - 8\,\overline{a}_1 + 16}. \qquad (51\,\mathrm{a})$$

In der folgenden Übersicht sind die Werte $\overline{m}_l$ und $\overline{m}_r$ für das normenmäßige Verhältnis $\nu_1 = \frac{6{,}00}{3{,}50} = 1{,}714$ in den Grenzen $\overline{a}_1 = 0{,}10$ bis $\overline{a}_1 = 0{,}34$ ermittelt. Die über $\overline{m} = 0{,}8$ liegenden Werte von $\overline{m}_r$ haben hiebei nur theoretisches Interesse, da Querschnitte in diesem Bereich nicht in Betracht gezogen werden.

Man erkennt, daß bei den höheren Werten von $\overline{a}_1$, also bei kleinen Stützweiten, die Grenzen so weit von den Auflagern abrücken, daß dadurch

für einen Teil der Balkenlänge die entwickelten Beziehungen nicht mehr
gelten. Ihre unbeschränkte Anwendung führt daher in ähnlicher Weise wie
beim einfachen Balken dazu, daß an den Rändern Momente auftreten, die
der möglichen Belastung nicht mehr entsprechen. Man darf aus den gleichen
Gründen wie beim einfachen Balken von
einer Sonderbehandlung dieser Grenzfälle
absehen und die Gültigkeit der Gl. (50)
allgemein auf alle Querschnitte ausdehnen.
Will man dies jedoch vermeiden — und die
tabellarische Darstellung spricht dafür —,
dann muß der Einfluß der links und
rechts von der Raupenlast stehenden Verkehrsgleichlast getrennt bestimmt werden.
Man erhält durch Integration der Gl. (27a)
zwischen den Grenzen $x_1 = 0$ und $x_1 =$
$= x_0 - b_1/2$ für die links von der Raupenlast
stehende Verkehrsgleichlast den Ausdruck:

$\bar{a}_1$	$\bar{m}_l$	$\bar{m}_r$
0,10	0,041	0,921
0,12	0,050	0,907
0,14	0,060	0,893
0,16	0,071	0,879
0,18	0,082	0,866
0,20	0,095	0,853
0,22	0,108	0,841
0,24	0,121	0,827
0,26	0,135	0,815
0,28	0,151	0,802
0,30	0,167	0,789
0,32	0,184	0,776
0,34	0,202	0,761

$$M_l = A_{2l}\, p_1\, l^2$$
$$A_{2l} = \frac{1}{16}\left(\alpha - \nu_1 \frac{\bar{a}_1}{2}\right)^2 \left\{8 - \bar{m}\left[10 - \left(\alpha - \nu_1 \frac{\bar{a}_1}{2}\right)^2\right]\right\} \tag{50a}$$

und ebenso durch Integration der Gl. (27b) zwischen den Grenzen
$x_2 = x_0 + b_1/2$ und $x_2 = l$ die Form:

$$M_r = A_{2r}\, p_1\, l^2$$
$$A_{2r} = \frac{\bar{m}}{16}\left\{7 - 16\left(\alpha + \nu_1 \frac{\bar{a}_1}{2}\right) + \left(\alpha + \nu_1 \frac{\bar{a}_1}{2}\right)^2 \left[10 - \left(\alpha + \nu_1 \frac{\bar{a}_1}{2}\right)^2\right]\right\}. \tag{50b}$$

Die Summe von (50a) und
(50b) liefert für beide Teile
der Verkehrsgleichlast:

$$M = (A_{2l} + A_{2r})\, p_1\, l^2, \tag{50c}$$

welcher Wert in den Grenzen
$\bar{m}_l \leq \bar{m} \leq \bar{m}_r$ in den Ausdruck (50) übergeht.

Für $\bar{m} \leq \bar{m}_l$ wird $A_{2l} = 0$
Für $\bar{m} \geq \bar{m}_r$ wird $A_{2r} = 0$
$$\tag{50d}$$

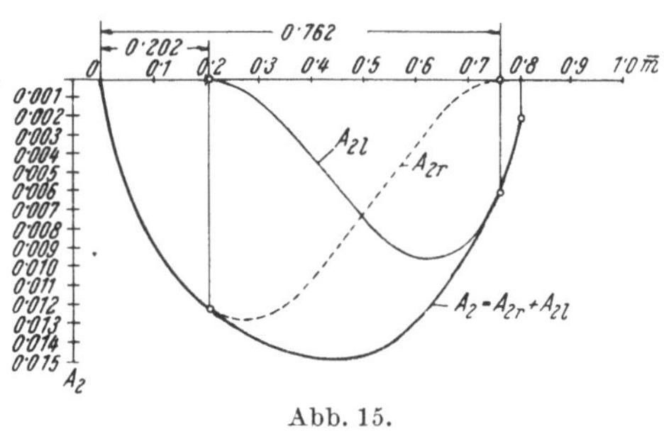

Abb. 15.

Die Grenzwerte $\bar{m}_l$ und $\bar{m}_r$ sind durch die Gl. (51) und (51a) gegeben.
Ein Bild über den Verlauf der Werte A_{2l} und A_{2r} und ihre Summe mit
Berücksichtigung der Grenzen gibt die Abb. 15, in welcher diese Linien
für $\bar{a}_1 = 0,34$ dargestellt sind, wobei $\bar{m}_l = 0,202$ und $\bar{m}_r = 0,762$ ist.

Tafel 1. *Positive Feldmomente, Lastenzug I.*

$\bar{a_1}$	$\bar{m}=0,1$			$\bar{m}=0,2$			$\bar{m}=0,3$			$\bar{m}=0,4$			$\bar{m}=0,435$		
	α	A_1	A_2	α	A_1	A_2	α	A_1	A_2	α	A_1	A_2	α	A_1	A_2
0,10	0,1377	0,00822	0,0257	0,2258	0,01413	0,0446	0,3151	0,01793	0,0571	0,4050	0,01943	0,0632	0,4368	0,01947	0,0638
12	1453	0974	235	306	1664	407	177	211	521	060	230	577	373	231	582
14	1524	1114	215	362	1926	370	205	242	474	070	265	525	377	266	530
16	1604	1263	1972	415	217	335	239	274	429	081	299	475	381	300	480
18	1680	1401	1803	467	241	303	269	305	383	092	332	428	386	334	432
20	1755	1535	1650	520	264	273	301	334	346	103	364	384	391	366	388
22	1831	1664	1510	573	287	245	332	362	309	114	395	342	395	397	346
24	1908	1792	1312	627	309	219	364	390	274	126	425	304	400	428	306
26	1984	1912	1252	679	329	1949	396	417	242	137	455	267	406	457	270
28	2061	203	1133	734	350	1732	429	443	212	150	483	234	411	486	237
30	2137	214	1022	789	370	1536	461	468	185	163	511	202	417	513	205
32	2214	228	0916	843	389	1362	494	492	1602	176	537	1736	423	540	1750
34	2291	236	0817	898	407	1206	528	515	1375	189	557	1472	430	566	1483

$\bar{a_1}$	$\bar{m}=0,5$			$\bar{m}=0,6$			$\bar{m}=0,7$			$\bar{m}=0,8$		
	α	A_1	A_2	α	A_1	A_2	α	A_1	A_2	α	A_1	A_2
0,10	0,4968	0,01909	0,0625	0,5907	0,01703	0,0547	0,6873	0,01358	0,0393	0,7877	0,00944	0,01574
12	961	226	571	888	202	499	846	1606	357	844	1068	1361
14	955	260	520	868	232	454	818	1844	323	814	1215	1170
16	948	294	471	848	262	412	789	207	291	784	1354	1000
18	942	326	425	827	290	371	759	229	261	752	1487	0850
20	935	358	381	806	318	334	729	251	234	719	1612	0718
22	929	388	340	785	345	298	698	271	208	685	1730	0604
24	922	418	302	764	371	265	666	291	1846	650	1856	0523
26	916	447	266	742	397	234	633	310	1629	613	1945	0430
28	910	475	233	721	421	205	600	328	1431	575	204	0359
30	904	501	202	699	445	1782	566	346	1250	536	213	0304
32	898	528	1728	676	467	1536	531	363	1086	495	222	0255
34	892	553	1465	654	489	1310	495	379	0938	453	230	0212

$$\bar{a_1} = \frac{a_1}{l}, \quad \bar{m} = \frac{m}{l},$$
$$b_1 = 1{,}714\,a_1, \quad x_0 = al$$
$$M = (A_1 r + A_2 p_1)\,l^2$$

5. Positive Feldmomente im Bereiche von $\bar{m} = 0{,}8$ bis $\bar{m} = 1{,}0$.

(Form der Einflußlinie nach Abb. 13b.)

Diese sind praktisch bedeutungslos, da für diesen Bereich die negativen Momente maßgebend sind. Ihre Ermittlung wäre auch wegen der rasch abnehmenden Belastungslänge sehr umständlich. Von einer Behandlung dieses Falles soll abgesehen werden.

6. Tafel 1. Erläuterungen.

Die Werte α, A_1 und A_2 sind in der Tafel 1 übersichtlich zusammengestellt. Bei der Bestimmung von A_2 wurden die Grenzen nach Gl. (50d) berücksichtigt. Die Zahlenwerte sind hier und in den folgenden Tafeln nur mit einer für den Gebrauch des Rechenschiebers erforderlichen Stellenzahl angegeben. Für $v_1 = \dfrac{b_1}{a_1}$ wurde das bereits erwähnte normenmäßige Verhältnis $v_1 = 1{,}714$ gewählt. Die Beiwerte A_1 behalten ihre Gültigkeit auch bei andern Abmessungen der Raupenlast; hingegen müßten in einem solchen Falle die Beiwerte A_2 neu ermittelt werden. Zu diesem Zwecke sind die Werte α, die normalerweise bei der Momentenermittlung nicht notwendig sind, mit einer größeren Stellenzahl angegeben. Für $\bar{m}$ wurde ein Intervall von 0,1 gewählt. Wünschenswert wäre ferner die Kenntnis des absolut größten Momentes und seine Lage. Es wurde bereits gesagt, daß dessen Ermittlung große Schwierigkeiten bietet. Eine solche genaue Lösung ist aber auch gar nicht notwendig. Die größten Momente aus den verschiedenen Einflüssen (Eigengewicht, Verkehrsbelastung mehrfacher Art) treten nicht an der gleichen Stelle auf; eines kann jedenfalls gesagt werden: ihre Orte werden nicht allzu weit voneinander entfernt sein. Bedenkt man, daß die Belastung mit einem der Lastenzüge I oder II ein Mittelding vorstellt zwischen der Belastung mit einer einzigen Einzellast und einer gleichmäßigen Vollbelastung über das ganze Feld, so darf angenommen werden, daß das größte Moment aus einem dieser Lastenzüge an einer Stelle auftreten wird, die sich zwischen den Werten aus den beiden letztgenannten Belastungsarten befindet. Deren Orte liegen aber sehr nahe beisammen, nämlich bei $\bar{m} = 0{,}4375$ und $\bar{m} = 0{,}4324$ [s. Gl. (29a) und (28a)]. Wir können deshalb und auch mit Rücksicht auf die geringe Veränderlichkeit des Momentes in der Nähe des Parabelscheitels für den Ort des absolut größten Momentes aus allen Einflüssen einen der exakten Lösung sehr nahe kommenden Wert festlegen und wählen ihn mit dem Mittelwert $\bar{m} = 0{,}435$. Auch dafür sind die Werte α, A_1 und A_2 in der Tafel 1 enthalten und durch eine starke Umrandung hervorgehoben. Die Grenzen von $\bar{a}_1$ wurden mit $\bar{a}_1 = 0{,}10$ und $\bar{a}_1 = 0{,}34$ festgelegt. Dies entspricht bei der normenmäßigen Raupenlastlänge von $a_1 = 3{,}5$ m Stützweiten von 35 m bis etwa 10,30 m. Das für $\bar{a}_1$ gewählte Intervall von 0,02 ist für eine Interpolation ausreichend.

7. Lastenzug I. Negative Momente, Einfluß der Raupenlast.

(Form der Einflußlinie nach Abb. 13a.)

Es ist nur eine negative Einflußfläche vorhanden. Wir stellen entsprechend der Abb. 16 die Raupenlast beliebig in das rechte Feld, bezeichnen den Abstand ihrer Resultierenden vom Auflager mit x_0' und erhalten aus Gl. (27c) für das Moment den Ausdruck:

$$M = -\frac{r}{16}\frac{m}{l^3}a_1 x_0' \cdot$$
$$\cdot\, [4\,l^2 - a_1^2 - 4\,x_0'^2]. \qquad (52)$$

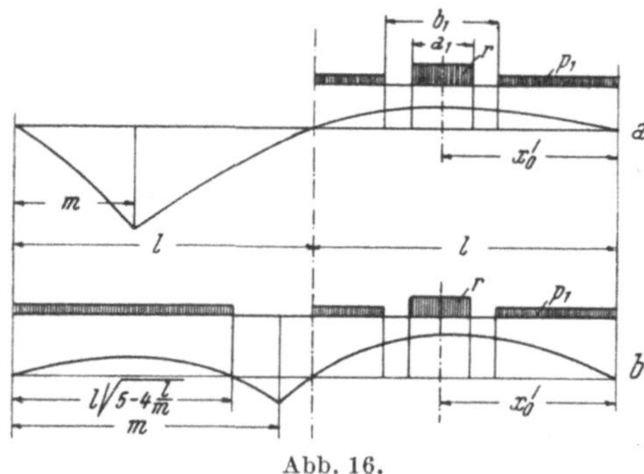

Abb. 16.

Aus $\dfrac{d\,M}{dx_0'} = 0$ ergibt sich die Laststellung für das größte Moment mit:

$$x_0' = \frac{l}{2\sqrt{3}}\sqrt{4 - \frac{a_1^2}{l^2}}. \qquad (53)$$

Sie ist vom Querschnittsort m unabhängig. Unter Verwendung dieser Beziehung erhält man aus Gl. (52) das größte Moment:

$$M = -\frac{r}{2}\frac{m}{l^3}a_1 x_0'^3. \qquad (54)$$

Zur Vereinfachung setzen wir wie früher:

$$\bar{m} = \frac{m}{l},\ \ \bar{a}_1 = \frac{a_1}{l},\ \ \beta = \frac{x_0'}{l} \qquad (55)$$

und erhalten:

$$\beta = \frac{1}{2\sqrt{3}}\sqrt{4 - \bar{a}_1^2}. \qquad (56)$$

Mit der weiteren Hilfsgröße:

$$A_3 = \frac{1}{2}\bar{m}\,\bar{a}_1\,\beta^3 \qquad (57)$$

wird:

$$M = -A_3\,r\,l^2. \qquad (58)$$

8. Lastenzug I. Negative Momente, Einfluß der Verkehrsgleichlast.

Hier muß unterschieden werden zwischen den Einflußlinienformen nach Abb. 13a und 13b. Bei der erstgenannten, die nur für Querschnitte von $m = 0$ bis $m = 0{,}8\,l$ gilt, kommt die Verkehrsgleichlast nur im rechten

Feld, anschließend an die Raupenlast, in Betracht (Abb. 16a). Für diesen Fall ergibt sich mit Benützung der Gl. (31) und (52), in welchen a_1 durch b_1 ersetzt und das Vorzeichen gewechselt wird:

$$M = -\frac{1}{16}\,p_1\,l\,m + \frac{1}{16}\,p_1\,\frac{m}{l^3}\,b_1\,x_0{}'\,[4\,l^2 - b_1{}^2 - 4\,x_0{}'^2]. \tag{59}$$

Wird in dem Klammerausdruck $x_0{}'^2$ durch Gl. (53) ausgedrückt und führt man ferner wieder den Zusammenhang $b_1 = \nu_1 a_1$ und die Verhältnisse nach Gl. (55) ein, so gewinnt die obige Beziehung mit dem Hilfswert:

$$A' = \frac{\overline{m}}{48}\,\{3 - \nu_1\overline{a}_1\beta\,[8 - \overline{a}_1{}^2\,(3\,\nu_1{}^2 - 1)]\} \tag{60}$$

die Form:

$$M = -A'\,p_1\,l^2. \tag{61}$$

Für $m = 0{,}8\,l$ bis $m = l$ tritt auch im linken Feld eine negative Einflußfläche auf. Geht man von der Voraussetzung aus, daß für diese kein gesonderter Lastenzug zu berücksichtigen ist, daß also das Raupenfahrzeug innerhalb eines Tragwerkes nur einmal vorkommen darf, so ist über diesen neu hinzukommenden negativen Teil nur die Verkehrsgleichlast aufzubringen. Die erste Gl. (35) stellt diese Fläche dar. Mit Benützung der üblichen Abkürzungen erhält man für diesen Einfluß unter Verwendung der Hilfsgröße:

$$\Phi_1{}' = \frac{1}{16\,\overline{m}}\,(5\,\overline{m} - 4)^2 \tag{62}$$

den Ausdruck:

$$M = -\Phi_1{}'\,p_1\,l^2. \tag{63}$$

Wie man aus der Form der Beiwerte (57) und (60) erkennt, ist der Verlauf der größten negativen Momente zwischen $\overline{m} = 0$ und $\overline{m} = 0{,}8$ linear. Wir werden daher für diesen Bereich keine Tabellenwerte angeben, sondern uns nur mit dem Punkte $\overline{m} = 0{,}8$ begnügen.

Für den Rest der Trägerlänge, $\overline{m} = 0{,}8$ bis $m = 1{,}0$, wird die Geradlinigkeit durch das Hinzutreten des Ausdruckes (63) gestört. Hier lautet somit das Moment aus der Verkehrsgleichlast, wenn

$$A_4 = A' + \Phi_1{}' = \frac{\overline{m}}{48}\{3 - \nu_1\overline{a}_1\beta\,[8 - \overline{a}_1{}^2\,(3\,\nu_1{}^2 - 1)]\} + \frac{1}{16\,\overline{m}}\,(5\,\overline{m} - 4)^2 \tag{64}$$

gesetzt wird:

$$M = -A_4\,p_1\,l^2. \tag{65}$$

9. Tafel 2. Erläuterungen.

In der Tafel 2 sind die Werte A_3 und A_4 für $\overline{m} = 0,8$ bis $\overline{m} = 1,0$ enthalten. Wegen des raschen Momentenabfalles ist das Intervall von $\overline{m}$ kleiner gewählt worden als in Tafel 1, nämlich 0,05. Die Werte β, welche die Laststellung angeben, sind hinzugefügt. Wir stellen hiebei fest, daß sie eine sehr geringe Veränderlichkeit aufweisen und in der Gl. (52) einheitlich durch den Wert $\beta = \dfrac{1}{\sqrt{3}} = 0,57735$ ersetzt werden könnten, d. h. daß die Mitte der Raupenlast mit der größten Einflußordinate zusammenfällt. Die stärkste Abweichung erfolgt bei der kleinsten Stützweite, d. i. für $\overline{a}_1 = 0,34$. Der Unterschied beträgt hier: $0,57735 - 0,56895 = 0,00840$ oder rund 1,5 % des exakten Wertes. Vergleicht man jedoch die zu diesen Laststellungen gehörigen Momente, so erhält man für diese einen noch weitaus kleineren Unterschied. Er beträgt nicht einmal 0,05%. Wir werden von diesem sehr geringen Einfluß der Laststellung auf das größte negative Moment beim Lastenzug II noch Gebrauch machen.

Für $\overline{m} = 1,0$ erhält man aus der Tafel 2 die Werte für das größte Stützenmoment. Sie sind durch eine starke Umrahmung besonders hervorgehoben.

10. Lastenzug II. Positive Feldmomente, Einfluß der Einzellasten.
(Form der Einflußlinie nach Abb. 13a.)

Hier ist die Laststellung für einen beliebigen Punkt sofort dadurch gegeben, daß die größere der beiden Einzellasten, das ist annahmegemäß P_1, über die Einflußlinienspitze zu stehen kommt. Hiebei ist jedoch zu beachten, daß die kleinere Last P_2 rechts oder links von P_1 stehen kann. Beide Fälle müssen untersucht werden (s. Abb. 17). Wir bezeichnen die Momente des ersten Falles mit M_r, jene der zweiten Lage mit M_l.

Die analytische Auswertung dieser Stellungen mit Hilfe der Gl. (27a) und (27b) bietet keine Schwierigkeiten und führt zu folgendem Ergebnis:

$$\left.\begin{aligned} M_r &= (B_1\,P_1 + B_{2r}\,P_2)\,l \\ \hline M_l &= (B_1\,P_1 + B_{2l}\,P_2)\,l \end{aligned}\right\}. \tag{66}$$

Hierin bedeuten, bei Einführung der Verhältnisse

$$\overline{m} = \frac{m}{l}\,,\quad \overline{a}_2 = \frac{a_2}{l}\,, \tag{67}$$

$$\left.\begin{aligned} B_1 &= \frac{1}{4}\,\overline{m}\,(4 - 5\,\overline{m} + \overline{m}^3) \\[4pt] B_{2r} &= B_1 - \frac{1}{4}\,\overline{m}\,\overline{a}_2\,[5 - \overline{a}_2{}^2 - 3\,\overline{m}\,(\overline{m} + \overline{a}_2)] \\[4pt] B_{2l} &= B_1 - \frac{1}{4}\,\overline{a}_2\,[4 - \overline{m}\,(5 - \overline{a}_2{}^2) + 3\,\overline{m}^2\,(\overline{m} - \overline{a}_2)] \end{aligned}\right\}. \tag{68}$$

Der Beiwert B_1 stellt den Einflußlinienwert unter der Last P_1 dar, er ist daher von $\overline{a}_2$ unabhängig und gilt längs des ganzen Einflußbereiches

Tafel 2. *Negative Momente, Lastenzug I.*

$\bar{a}_1$	β	$\bar{m}=0,80$		$\bar{m}=0,85$		$\bar{m}=0,90$		$\bar{m}=0,95$		$\bar{m}=1,00$	
		A_3	A_4	A_3	A_4	A_3	A_4	A_3	A_4	A_3	A_4
0,10	0,5766	0,00767	0,0369	0,00815	0,0439	0,00863	0,0589	0,00911	0,0802	0,00959	0,1087
12	763	0919	344	0976	412	1034	561	1091	772	1149	1055
14	759	1070	319	1137	385	1204	533	1270	743	1337	1024
16	755	1220	295	1296	359	1372	505	1449	714	1525	0993
18	750	1369	271	1454	334	1540	478	1626	685	1711	0964
20	745	1517	248	1611	309	1706	452	1801	658	1896	0935
22	738	1663	225	1767	285	1871	427	1975	631	208	0906
24	732	1808	203	1921	262	203	402	215	605	226	0879
26	725	1950	1823	207	240	219	379	232	580	244	0853
28	717	209	1622	222	218	235	356	248	556	262	0828
30	708	223	1430	237	1979	251	334	265	533	279	0804
32	699	237	1249	252	1786	267	314	281	512	296	0781
34	689	250	1078	266	1605	282	295	297	491	313	0760

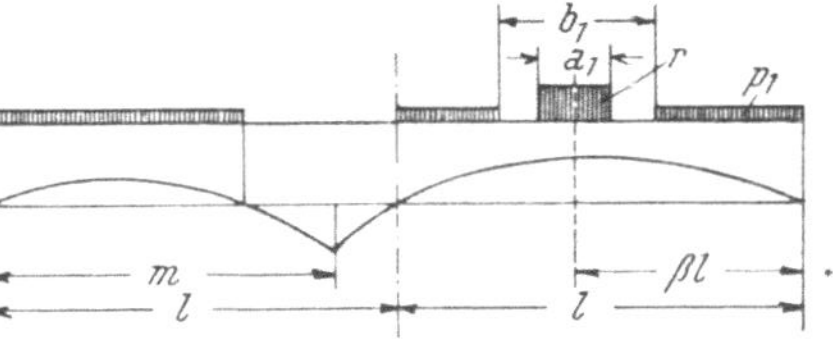

$$\bar{a}_1 = \frac{a_1}{l}, \quad \bar{m} = \frac{m}{l}, \quad b_1 = 1,714\, a_1$$

$$M = -\left(A_3\, r + A_4\, p_1\right) l^2$$

von $\overline{m}=0$ bis $\overline{m}=0,8$. Die beiden andern Beiwerte B_{2r} und B_{2l} werden für gewisse Grenzlagen des Fahrzeuges verschwinden. So ist aus der äußersten möglichen Stellung der beiden Lasten an der Mittelstütze (Abb. 17, oben) für die Lastenfolge P_2 rechts von P_1 zu ersehen, daß dieser Fall dann eintritt, wenn $m'=l-a_2$ oder $\overline{m}'=1-\overline{a}_2$ wird, welcher Wert höchstens $\overline{m}=0,8$ erreichen darf. Für alle darüber hinaus liegenden Querschnitte steht P_2 nicht mehr im Einflußbereich, es ist daher $B_{2r}=0$. In gleicher Weise ergibt sich bei der Stellung P_2 links von P_1 an der Randstütze (Abb. 17, unten) ein Grenzwert $\overline{m}''=\overline{a}_2$. Für alle kleineren Werte $\overline{m}$ leistet P_2 keinen Beitrag mehr, es ist daher $B_{2l}=0$. Man kann daher folgende Ungleichungen festhalten:

$$\left.\begin{aligned}B_{2r}&\neq0 \quad \text{wenn} \quad 0 \leq \overline{m} \leq (1-\overline{a}_2) \leq 0,8\\ B_{2l}&\neq0 \quad \text{wenn} \quad \overline{a}_2 \leq \overline{m} \leq 0,8\end{aligned}\right\} \tag{69}$$

Hiebei ist, soweit es die Stellung P_2 rechts von P_1 an der Mittelstütze betrifft, stillschweigend die Möglichkeit einer Lastentrennung in Betracht gezogen.

In der Abb. 18 sind neben der Linie der B_1-Werte jene der Werte B_{2r} und B_{2l} für die drei Verhältnisse $\overline{a}_2=0,08$, $0,20$ und $0,30$ dargestellt. Man erkennt, daß sich alle Linien B_{2r} und B_{2l} etwa bei $\overline{m}=0,47$ schneiden, und zwar so, daß links von diesen Schnittpunkten $B_{2r} > B_{2l}$ und rechts davon $B_{2l} > B_{2r}$ ist. Daraus

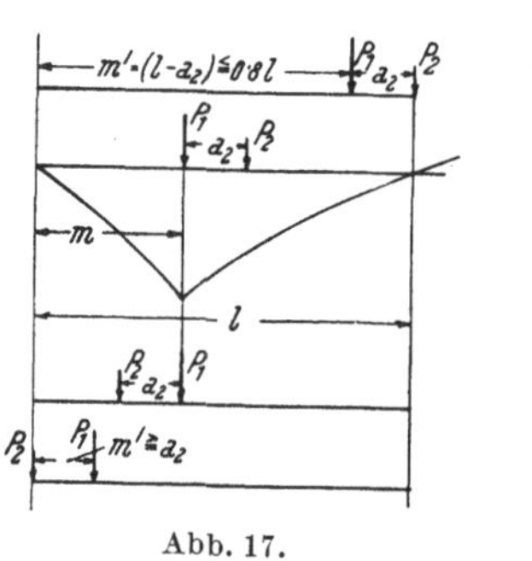

Abb. 17.

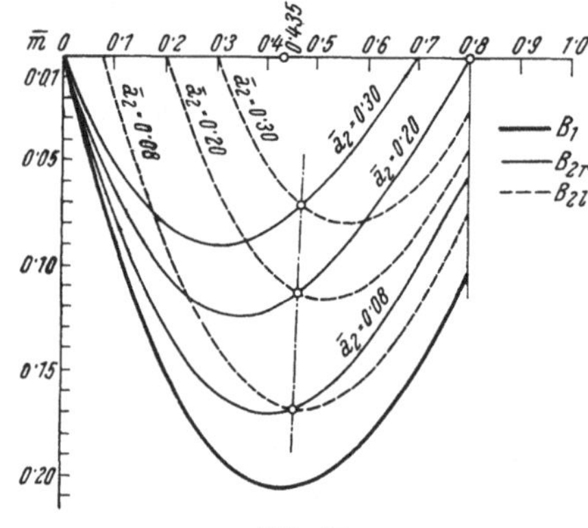

Abb. 18.

ergibt sich, da B_1 von $\overline{a}_2$ unabhängig ist, daß für die Wirkung beider Lasten P_1 und P_2 für alle Querschnitte, die links von $\overline{m}=0,47$ liegen, die Laststellung P_2 rechts von P_1, und für alle Querschnitte, die sich rechts dieses Punktes befinden, die Laststellung P_2 links von P_1 maßgebend ist. Ein ähnliches Ergebnis erhalten wir auch beim einfachen Balken, wenn in der Gl. (9) $p_2=0$ gesetzt und die Lastenfolge beachtet wird. Die Umhüllende der Größtmomente aus den beiden Lasten P_1 und P_2 besteht also auch hier aus zwei parabelähnlichen Linien, deren Scheitel durch eine tangierende Gerade verbunden werden können. Diese Eindeutigkeit der Laststellung bei der Ermittlung der

Größtmomente gilt aber nur für die beiden Fahrzeuglasten allein. Sie wird durch das Hinzutreten der Verkehrsgleichlast, wie wir aus dem folgenden Punkt ersehen werden, gestört.

11. Lastenzug II. Positive Feldmomente, Einfluß der Verkehrsgleichlast.

(Form der Einflußlinie nach Abb. 13a.)

Wir schließen wieder wie beim Lastenzug I an das Fahrzeug die Verkehrsgleichlast p_2 an (s. Abb. 19), ermitteln jedoch, anders als beim Lastenzug I, deren Beiträge links und rechts des Fahrzeuges gleich von vornherein getrennt und erhalten durch die analytische Auswertung der Einflußlinien nach den Gl. (27a) und (27b) für die beiden Laststellungen P_2 rechts und links von P_1, wenn die diesen beiden Laststellungen zugeordneten Momente mit M_r und M_l bezeichnet werden:

$$M_r = (B_{3r}' + B_{3r}'')\, p_2\, l^2 \quad \Big\}$$
$$M_l = (B_{3l}' + B_{3l}'')\, p_2\, l^2 \quad \Big\} \quad , \tag{70}$$

wobei mit den Bezeichnungen (67) und den folgenden:

$$\left.\begin{aligned}
v_2 &= \frac{b_2}{a_2} \\[2mm]
v_3 &= \frac{v_2 - 1}{2} \\[2mm]
k_1 &= \overline{m} - \overline{a}_2\, v_3 \\
k_2 &= \overline{m} + \overline{a}_2\, (1 + v_3) \\
k_3 &= \overline{m} - \overline{a}_2\, (1 + v_3) \\
k_4 &= \overline{m} + \overline{a}_2\, v_3
\end{aligned}\right\} \tag{71}$$

die Beiwerte B die Form haben:

$$\left.\begin{aligned}
B_{3r}' &= \frac{1}{16}\, k_1{}^2\, [8 - \overline{m}\, (10 - k_1{}^2)] \\[2mm]
B_{3r}'' &= \frac{1}{16}\, \overline{m}\, [7 - k_2\, (16 - 10\, k_2 + k_2{}^3)] \\[2mm]
B_{3l}' &= \frac{1}{16}\, k_3{}^2\, [8 - \overline{m}\, (10 - k_3{}^2)] \\[2mm]
B_{3l}'' &= \frac{1}{16}\, \overline{m}\, [7 - k_4\, (16 - 10\, k_4 + k_4{}^3)]
\end{aligned}\right\} . \tag{72}$$

Mehr als beim Lastenzug I ist es hier nötig, auf die Grenzlagen zu achten, bei welchen die Verkehrsgleichlast einseitig verschwindet. Bei der Lastenfolge P_2 rechts von P_1 gibt B_{3r}' den Anteil an, welchen die links des Fahrzeuges befindliche Verkehrsgleichlast liefert. Dieser Beitrag verschwindet, sobald das Fahrzeug in eine solche Lage gelangt ist, bei welcher die Last P_1 von der Randstütze den Abstand $m_r' = \dfrac{b_2 - a_2}{2}$ erreicht hat (s. Abb. 19, oben). Das ergibt mit den abkürzenden Bezeichnungen die Bedingung:

$$\overline{m}_r{}' = \overline{a}_2\, v_3. \tag{73a}$$

Wandert der Lastenzug nach rechts, so gibt, wenn die Last P_1 von der Randstütze den Abstand $m_r'' = l - \dfrac{b_2 + a_2}{2}$ (s. Abb. 19, oben) erreicht, welcher Ausdruck nach Einführung der Verhältniszahlen in

$$\overline{m_r}'' = 1 - \overline{a}_2\,(1 + \nu_3) \qquad (73\,\mathrm{b})$$

übergeht und der entsprechend der Einflußlinienform nach Abb. 13a nicht größer als 0,8 werden darf, die rechts des Fahrzeuges stehende Verkehrsgleichlast, deren Einfluß durch B_{3r}'' ausgedrückt ist, keinen Beitrag mehr (Abb. 19, oben).

Für alle Querschnitte links von $\overline{m_r}'$ ist daher $B_{3r}' = 0$ und für alle Querschnitte rechts von $\overline{m_r}''$ ist $B_{3r}'' = 0$. Mithin können als Grenz-

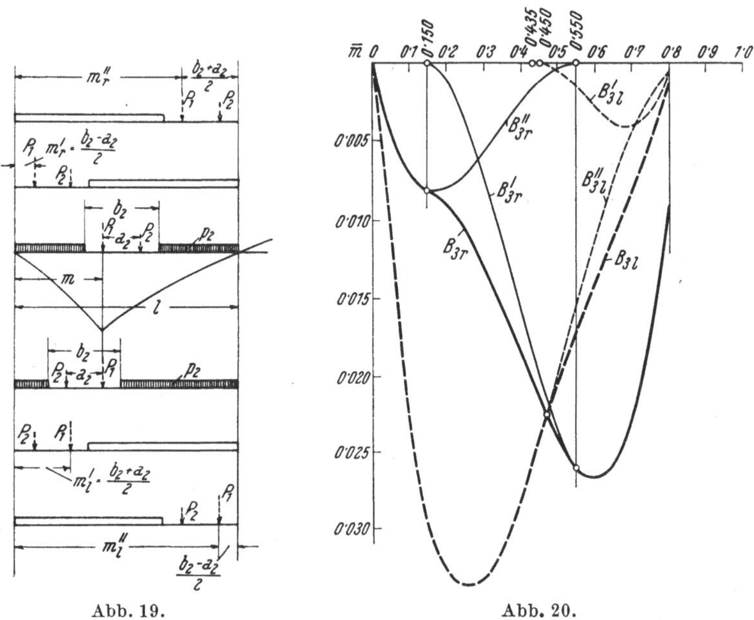

Abb. 19.Abb. 20.

bedingungen folgende Ungleichungen angeschrieben werden, wenn noch weiter beachtet wird, daß ein Beitrag der linksseitigen Verkehrsgleichlast bis $\overline{m} = 0{,}8$ reicht und ein solcher der rechtsstehenden bei $\overline{m} = 0$ beginnt:

$$\left.\begin{aligned}B_{3r}' &\,\neq\, 0 \ \text{für} \ \overline{a}_2\nu_3 \leqq \overline{m} \leqq 0{,}8 \\ B_{3r}'' &\,\neq\, 0 \ \text{für} \ 0 \leqq \overline{m} \leqq [1 - \overline{a}_2\,(1 + \nu_3)] \leqq 0{,}8\end{aligned}\right\} \cdot \qquad (73\,\mathrm{c})$$

In der gleichen Weise erhält man für die umgekehrte Lastenfolge P_2 links von P_1 (s. Abb. 19, unten) für den linksseitigen Teil der Verkehrsgleichlast (B_{3l}') die Grenze:

$$\overline{m_l}' = \overline{a}_2\,(1 + \nu_3) \qquad (73\,\mathrm{d})$$

und für jenen auf der rechten Seite des Fahrzeuges stehenden (B_{3l}'') die Grenze:

$$\overline{m_l}'' = 1 - \overline{a}_2\, \nu_3, \tag{73e}$$

so daß wie früher folgende Ungleichungen gelten:

$$B_{3l}' \neq 0 \ \text{für} \ \overline{a}_2\,(1+\nu_3) \leq \overline{m} \leq 0{,}8 \ \left.\vphantom{\begin{matrix}a\\b\end{matrix}}\right\} \tag{73f}$$
$$B_{3l}'' \neq 0 \ \text{für} \ 0 \leq \overline{m} \leq (1-\overline{a}_2\,\nu_3) \leq 0{,}8 \ \left.\vphantom{\begin{matrix}a\\b\end{matrix}}\right.$$

Um sich ein Bild über den Verlauf der Beiwerte B machen zu können, sind diese in der Abb. 20 unter Verwendung der normenmäßigen Abmessungen $a_2 = 3{,}00$ m, $b_2 = 6{,}00$ m, die ein Verhältnis $\nu_3 = 0{,}5$ ergeben, für $\overline{a}_2 = 0{,}30$ dargestellt. (Der Wert $\overline{a}_2 = 0{,}30$ wurde deshalb gewählt, weil sich bei diesem die Unterschiede in den Beiwerten B am deutlichsten zeigen.) Entsprechend den Ungleichungen (73c) beginnt B_{3r}' bei $\overline{m}_r = 0{,}5 \cdot 0{,}30 = 0{,}15$ und B_{3r}'' endet bei $\overline{m}_r'' = 1 - 0{,}30 \cdot 1{,}5 = 0{,}55$. Analog beginnt entsprechend den Ungleichungen (73 f) B_{3l}' bei $\overline{m}_l' = 0{,}30 \cdot 1{,}5 = 0{,}45$ und B_{3l}'' endet bei $\overline{m}_l'' = 1 - 0{,}5 \cdot 0{,}30 = 0{,}85$, welcher Wert schon außerhalb des Einflußlinienbereiches der verwendeten Einflußlinienform liegt.

Man kann nun unter Beachtung der durch die Ungleichungen (73e) und (73f) ausgedrückten Grenzen die Beiträge der links und rechts des Fahrzeuges stehenden Verkehrsgleichlast zu einem einzigen Beitrag zusammenfassen und erhält auf diese Weise mit den Bezeichnungen

$$B_{3r} = B_{3r}' + B_{3r}'' \ \left.\vphantom{\begin{matrix}a\\b\end{matrix}}\right\} \tag{72a}$$
$$B_{3l} = B_{3l}' + B_{3l}''$$

die Momente in der Form:

$$\underline{M_r = B_{3r}\, p_2\, l^2} \ \left.\vphantom{\begin{matrix}a\\b\end{matrix}}\right\} \tag{70a}$$
$$\underline{M_l = B_{3l}\, p_2\, l^2}$$

In der Abb. 20 sind diese Summen B_{3r} und B_{3l} durch dicke Linien dargestellt, wobei der ersteren eine volle und der zweiten eine strichlierte Linie entspricht. Einen ähnlichen Verlauf erhält man auch für andere Werte von $\overline{a}_2$. Die Linien B_{3r} und B_{3l} schneiden sich ähnlich wie die Linien B_{2r} und B_{2l} in dem Raume zwischen $\overline{m} = 0{,}4$ und $0{,}5$. Links von diesem Schnittpunkt ist $B_{3l} > B_{3r}$ und rechts davon ist $B_{3r} > B_{3l}$, d. h. daß in dem der Randstütze benachbarten Trägerteil die Laststellung P_2 links von P_1 und in dem andern, an der Mittelstütze liegenden Trägerteil die Laststellung P_2 rechts von P_1 maßgebend ist. Dieses Verhältnis ist zu jenem, das wir für die Fahrzeuglasten allein erhalten haben, gerade umgekehrt. Da die Momente von drei verschiedenen Lastgrößen: P_1, P_2 und p_2 abhängen, kann im Gegensatz zu der Belastung mit einem Fahrzeug allein von vornherein nicht gesagt werden, welche Laststellung für einen Querschnitt maßgebend ist, wir sind genötigt, beide Laststellungen zu untersuchen. Im allgemeinen kann gesagt werden, daß, je weniger die Lasten P_1 und P_2 voneinander verschieden sind und je größer diese gegenüber der Verkehrsgleichlast sind, der Einfluß der Fahr-

Tafel 3. *Positive Feldmomente, Lastenzug II.*

| $\bar{a}_2$ | $\bar{m} = 0,1$ | | | | $\bar{m} = 0,2$ | | | |
| | $B_1 = 0,0875$ | | | | $B_1 = 0,1504$ | | | |
	B_{2r}	B_{2l}	B_{3r}	B_{3l}	B_{2r}	B_{2l}	B_{3r}	B_{3l}
0,08	0,0766	0,0175	0,0263	0,0310	0,1311	0,0901	0,0458	0,0491
10	752	0	237	302	1264	751	411	462
12	728	0	213	293	1216	600	366	440
14	703	0	191	286	1170	450	325	425
16	679	0	171	278	1123	300	286	412
18	655	0	152	270	1077	150	250	399
20	632	0	136	262	1032	0	217	386
22	608	0	121	255	0983	0	187	374
24	585	0	107	248	0943	0	159	362
26	562	0	094	240	0899	0	133	350
28	539	0	082	233	0855	0	111	338
30	516	0	071	226	0813	0	090	326

| $\bar{a}_2$ | $\bar{m} = 0,3$ | | | | $\bar{m} = 0,4$ | | | |
| | $B_1 = 0,1895$ | | | | $B_1 = 0,2064$ | | | |
	B_{2r}	B_{2l}	B_{3r}	B_{3l}	B_{2r}	B_{2l}	B_{3r}	B_{3l}
0,08	0,1616	0,1383	0,0590	0,0608	0,1711	0,1633	0,0656	0,0662
10	1548	1256	531	560	1625	1527	593	603
12	1481	1129	475	517	1541	1422	535	549
14	1414	1003	423	481	1457	1318	481	501
16	1348	0877	375	451	1376	1214	431	457
18	1283	0751	330	426	1295	1111	384	418
20	1219	0626	289	408	1216	1008	342	384
22	1155	0500	250	392	1138	0906	303	356
24	1093	0375	215	377	1062	0804	268	332
26	1032	0250	183	363	0988	0703	236	313
28	0971	0125	154	349	0914	0602	208	298
30	0912	0	128	335	0843	0501	183	283

| $\bar{a}_2$ | $\bar{m} = 0,435$ | | | | $\bar{m} = 0,5$ | | | |
| | $B_1 = 0,2074$ | | | | $B_1 = 0,2031$ | | | |
	B_{2r}	B_{2l}	B_{3r}	B_{3l}	B_{2r}	B_{2l}	B_{3r}	B_{3l}
0,08	0,1698	0,1668	0,0663	0,0665	0,1620	0,1668	0,0653	0,0649
10	1608	1569	601	605	1520	1580	595	589
12	1518	1471	543	549	1423	1494	541	532
14	1430	1374	490	498	1328	1408	491	480
16	1344	1277	441	452	1234	1324	446	430
18	1259	1181	397	410	1143	1241	404	388
20	1176	1086	355	373	1054	1159	368	348
22	1094	0992	317	341	0967	1077	334	311
24	1014	0898	283	313	0882	0997	305	279
26	0936	0804	253	290	0799	0917	279	251
28	0806	0711	227	269	0718	0838	256	227
30	0786	0619	203	257	0640	0760	238	207

Fortsetzung der Tafel 3.

$\bar{a}_2$	$\bar{m}=0,6$ $B_1=0,1824$				$\bar{m}=0,7$ $B_1=0,1475$			
	B_{2r}	B_{2l}	B_{3r}	B_{3l}	B_{2r}	B_{2l}	B_{3r}	B_{3l}
0,08	0,1372	0,1511	0,0577	0,0566	0,1005	0,1192	0,0422	0,0407
10	1265	1438	529	511	0896	1128	387	364
12	1160	1366	484	460	0790	1066	358	325
14	1058	1296	445	412	0687	1007	332	288
16	0958	1228	410	367	0588	0951	312	254
18	0862	1161	379	326	0493	0896	295	223
20	0768	1096	361	288	0401	0844	282	195
22	0677	1032	330	253	0313	0794	271	168
24	0589	0970	310	221	0229	0745	260	145
26	0504	0909	295	193	0148	0699	249	123
28	0422	0849	281	167	0072	0655	239	103
30	0344	0791	269	144	0	0612	229	086

$\bar{a}_2$	$\bar{m}=0,8$ $B_1=0,1024$			
	B_{2r}	B_{2l}	B_{3r}	B_{3l}
0,08	0,0563	0,0747	0,0181	0,0166
10	458	686	163	141
12	357	629	151	118
14	261	575	142	099
16	169	524	134	081
18	082	477	127	066
20	0	432	120	053
22	0	390	113	042
24	0	351	107	033
26	0	315	101	025
28	0	281	095	018
30	0	250	089	013

$$\bar{a}_2 = \frac{a_2}{l}, \quad \bar{m} = \frac{m}{l}, \quad b_2 = 2,00\, a_2$$

$$M = (B_1 P_1 + B_{2r} P_2)\, l + B_{3r}\, p_2 l^2$$

oder

$$M = (B_1 P_1 + B_{2l} P_2)\, l + B_{3l}\, p_2 l^2$$

zeuglasten um so mehr überwiegen und somit in der linken Trägerhälfte die Lastenfolge P_2 rechts von P_1 und in der andern die Lastenfolge P_2 links von P_1 maßgebend sein wird. Etwas Ähnliches haben wir auch beim einfachen Balken erhalten, man vergleiche die Erläuterungen im Anschluß an die Gl. (14a).

Von einer Ermittlung der positiven Momente für den Bereich $\bar{m} = 0,8$ bis $\bar{m} = 1,0$ soll aus denselben Gründen wie beim Lastenzug I abgesehen werden.

12. Tafel 3. Erläuterungen.

Die Tafel 3 enthält die Beiwerte B_1, B_{2r}, B_{2l}, B_{3r} und B_{3l}; die verschiedenen Gültigkeitsgrenzen sind hiebei berücksichtigt. Die Beiwerte B_1, B_{2r} und B_{2l} gelten wieder allgemein ohne Rücksicht auf einen bestimmten Abstand der Lasten P_1 und P_2. Hingegen haben die Beiwerte

B_{3r} und B_{3l} nur für das Verhältnis $v_3 = 0{,}5$, das den normenmäßigen Abmessungen $a_2 = 3{,}00$ m und $b_2 = 6{,}00$ m entspricht, Gültigkeit und müssen für andere Fahrzeugabmessungen neu ermittelt werden.

Zu erwähnen ist, daß der Bereich von $\bar{a}_2$ ein anderer ist als jener von $\bar{a}_1$, er umfaßt die Werte von 0,08 bis 0,30. Dies hat seinen Grund darin, daß die Tafelwerte — im ganzen gesehen — unbeschadet der Allgemeingültigkeit der nur für die Fahrzeuglasten allein geltenden Werte B_1, B_{2r} und B_{2l} für den Gebrauch der normenmäßigen Lastenzüge bestimmt sind. Nun ist aber der Normwert $a_2 = 3{,}00$ m kleiner als $a_1 = 3{,}50$ m. Für den Lastenzug I waren für $\bar{a}_1$ die Grenzen von 0,10 bis 0,34 gewählt worden; das entspricht Stützweiten von 35,00 m bis etwa 10,30 m. Ungefähr die gleichen Grenzen sollen auch für den Lastenzug II gelten, dies ergibt mithin für $\bar{a}_2$ den oben angegebenen Bereich.

13. Lastenzug II. Negative Momente, Einfluß der Fahrzeuglasten.

Wir gehen gleich von der Form der Einflußlinie nach Abb. 13b aus. Es sind wieder die beiden Laststellungen P_2 rechts von P_1 (M_r) und P_2 links von P_1 (M_l) in Betracht zu ziehen. In der schon üblichen Weise erhalten wir durch die Auswertung der Gl. (27c) für eine beliebige Stellung des Lastenzuges, bei welcher mit x_{0r} und x_{0l} die Abszissen der Last P_1 für die beiden möglichen Stellungen bezeichnet werden (Abb. 21):

$$\left.\begin{aligned}
M_r &= -\frac{1}{4}\frac{m}{l^3}\left\{x_{0r}(l^2-x_{0r}^2)(P_1+P_2)+[3a_2 x_{0r}(x_{0r}-a_2)-a_2(l^2-a_2^2)]P_2\right\}\\
M_l &= -\frac{1}{4}\frac{m}{l^3}\left\{x_{0l}(l^2-x_{0l}^2)(P_1+P_2)-[3a_2 x_{0l}(x_{0l}+a_2)-a_2(l^2-a_2^2)]P_2\right\}
\end{aligned}\right\}. \tag{74}$$

Die Orte für die Stellungen der Last P_1 beim Erreichen des Größtmomentes ergeben sich aus $\dfrac{dM}{dx_0} = 0$ zu:

$$\left.\begin{aligned}x_{0r}\\x_{0l}\end{aligned}\right\} = \pm\frac{a_2 P_2}{P_1+P_2}+\sqrt{\frac{l^2}{3}-\frac{a_2^2 P_1 P_2}{(P_1+P_2)^2}}. \tag{75}$$

Das erste Glied der vorstehenden Gleichungen stellt den Abstand der Resultierenden $R = P_1 + P_2$ von der größeren Last (P_1) dar. Bezeichnen wir ihn mit u und den Wurzelausdruck mit x_0'', so können wir auch schreiben:

$$x_{0r}-u = x_{0l}+u = x_0'' = \frac{l}{\sqrt{3}}\sqrt{1-3\,\bar{a}_2^2\,\frac{P_1 P_2}{(P_1+P_2)^2}}. \tag{75 a}$$

Wir erkennen daraus (s. Abb. 21), daß bei beiden Laststellungen die Resultierende der Einzellasten an die gleiche Stelle (x_0'') zu stehen kommt. Nun ist diese Form der Ortsangabe für die weitere Rechnung und insbesondere für die tafelmäßige Darstellung unbequem, da x_0'' nicht nur von $\overline{a_2}$, sondern auch von dem Verhältnis der Einzellasten zueinander abhängt, welches stark wechseln und für das man keine festen Werte angeben kann. Es liegt nahe, das zweite Glied unter der Wurzel zu vernachlässigen und für x_0'' einen Näherungswert $x_0 = \dfrac{l}{\sqrt{3}}$, das ist den Ort der größten Einflußordinate, einzuführen.

Wir haben schon bei der Bestimmung der Laststellung für die Raupenlast gesehen, daß diese ihren Ort bei wechselndem $\overline{a_1}$ nicht allzu stark verändert. Etwas Ähnliches ist auch hier zu erwarten. Es sollen daher die Größenverhältnisse des Wertes x_0'' näher untersucht werden. Er wird um so mehr von $x_0 = \dfrac{l}{\sqrt{3}}$ abweichen, je größer das zweite Glied unter der Wurzel ist, d. h. je größer $\overline{a_2}$ und $\dfrac{P_1 P_2}{(P_1 + P_2)^2}$ sind. Für $\overline{a_2}$ wählen wir daher den größten in Betracht kommenden Wert, das ist $\overline{a_2} = 0,3$

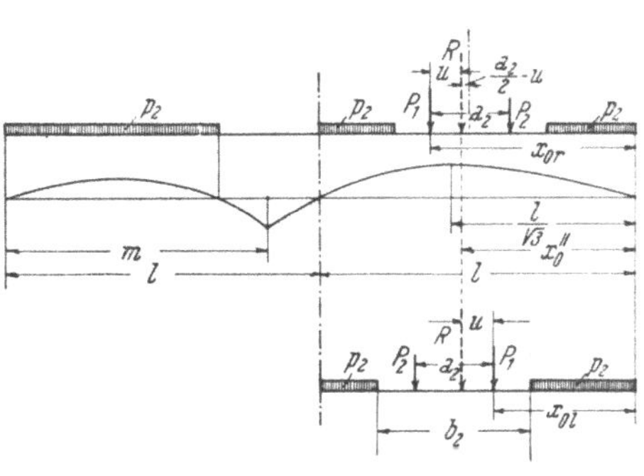

Abb. 21.

(der bei $a_2 = 3,0$ m einer Stützweite von $l = 10$ m entspricht), und $\dfrac{P_1 P_2}{(P_1 + P_2)^2}$ wird, wie man leicht nachrechnet, dann am größten, nämlich 0,25, wenn die beiden Einzellasten einander gleich werden. Für diese Zahlen ergibt sich:

$$x_0'' = \frac{l}{\sqrt{3}} \sqrt{1 - 3 \cdot 0,09 \cdot 0,25} = 0,9657 \, \frac{l}{\sqrt{3}} \; .$$

Die genaue Stellung der Resultierenden ist also in diesem Falle nur um $(1 - 0,9657) \dfrac{l}{\sqrt{3}} = 0,0198\, l$ von dem Orte $x_0 = \dfrac{l}{\sqrt{3}}$ entfernt. Das ergibt bei $l = 10$ m den Betrag von 0,198 m und scheint im ersten Augenblick viel zu sein. Ermittelt man jedoch die zu x_0'' und x_0 gehörigen Momente aus den Gl. (74), so findet man, daß der Unterschied weniger als 0,2 % beträgt. Wir dürfen daher in unseren weiteren Entwicklungen die Näherung

$$x_0'' = x_0 = \frac{l}{\sqrt{3}}$$

verwenden und erhalten damit aus (75a):

$$\left.\begin{matrix} x_{0r} \\ x_{0l} \end{matrix}\right\} = \pm \frac{a_2 P_2}{P_1 + P_2} + \frac{l}{\sqrt{3}} \; . \tag{75 b}$$

Die Einführung dieser Werte in die Gl. (74) liefert mit den Abkürzungen:

$$\frac{m}{l} = \overline{m}, \quad \frac{a_2}{l} = \overline{a}_2, \quad \frac{P_1}{P_1 + P_2} = \varrho_1, \quad \frac{P_2}{P_1 + P_2} = \varrho_2 \qquad (76)$$

die Momente für die beiden Laststellungen mit:

$$M_{r,l} = -\frac{1}{4}\,\overline{m}\left[\frac{2}{3\sqrt{3}} \pm \overline{a}_2^{\,3}\,\varrho_1\varrho_2(\varrho_1-\varrho_2) - \overline{a}_2^{\,2}\sqrt{3}\,\varrho_1\varrho_2\right](P_1 + P_2)\,l, \qquad (77)$$

wobei das obere Zeichen zu M_r und das untere Zeichen zu M_l gehört. Man erkennt sofort, daß von diesen beiden Momenten $M_r > M_l$, also die Laststellung P_2 rechts von P_1 maßgebend ist. Damit ist mit M_r aus dem Ausdruck (77) das größte negative Moment aus den Fahrzeuglasten gegeben.

Wir wollen aber auch hier noch eine weitere Vereinfachung durchführen: Eine Untersuchung des mittleren Gliedes der Gl. (77) zeigt, daß dieses im Verhältnis zu den beiden andern sehr klein ist. Es wird Null für $P_1 = P_2$ und erhält seinen größten Wert, wenn $\overline{a}_2$ und $\varrho_1\varrho_2(\varrho_1-\varrho_2)$ groß werden. Für $\overline{a}_2$ haben wir bereits mit 0,3 eine obere Grenze festlegen können und für den zweiten Faktor rechnet man leicht nach, daß er für $P_2 = 0{,}268\,P_1$ mit $\dfrac{0{,}268 \cdot 0{,}732}{(1{,}268)^3} = 0{,}0962$ ein Maximum wird. Selbst für diese besonderen, ungünstigst gewählten Zahlenwerte beträgt der Unterschied im Moment mit und ohne Berücksichtigung des mittleren Gliedes in Gl. (77) weniger als 1 %. Wir wollen daher zur Vereinfachung der Rechnung und der tafelmäßigen Darstellung dieses Glied weglassen und erhalten:

$$M = -\frac{1}{12\sqrt{3}}\,\overline{m}\left[2 - 9\,\overline{a}_2^{\,2}\,\varrho_1\varrho_2\right](P_1 + P_2)\,l. \qquad (78)$$

Diese Beziehung ist so einfach, daß von der Aufstellung einer Tafel Abstand genommen werden könnte. Mit Rücksicht auf eine einheitliche Darstellung wird jedoch auch hier — schon im Zusammenhang mit der Ermittlung des Einflusses der Verkehrsgleichlast — eine solche errechnet und zu diesem Zwecke der Gl. (78) folgende Form gegeben:

$$\underline{M = -(B_4 - B_5\,\varrho_1\varrho_2)(P_1 + P_2)\,l,} \qquad (78\,\mathrm{a})$$

wobei

$$\left.\begin{array}{l} B_4 = \dfrac{1}{6\sqrt{3}}\,\overline{m} \\[2ex] B_5 = \dfrac{\sqrt{3}}{4}\,\overline{a}_2^{\,2}\,\overline{m} \end{array}\right\} \qquad (78\,\mathrm{b})$$

bedeuten.

14. Lastenzug II. Negative Momente, Einfluß der Verkehrsgleichlast.

(Form der Einflußlinie nach Abb. 13 b.)

Die analytische Auswertung der Einflußlinie für die in der Abb. 21 dargestellte Belastung liefert nach Einführung der Verhältniswerte nach Gl. (76), zu denen jetzt noch $v_2 = \dfrac{b_2}{a_2}$ hinzukommt:

$$M = -\left\{ \frac{1}{16}\,\overline{m}\left(5 - \frac{4}{\overline{m}}\right)^2 + \frac{1}{16}\,\overline{m} - \frac{1}{16}\,\overline{m}\,v_2\,\overline{a}_2\left[\frac{1}{3\sqrt{3}}\,(8 - 3\,v_2{}^2\,\overline{a}_2{}^2) + \right.\right.$$
$$\left.\left. + \frac{1}{2}\,v_2{}^2\,\overline{a}_2{}^3\,(\varrho_1 - \varrho_2) - \sqrt{3}\,\overline{a}_2{}^2\,(\varrho_1 - \varrho_2)^2 + \frac{\overline{a}_2{}^3}{2}\,(\varrho_1 - \varrho_2)^3\right]\right\}\,p_2\,l^2. \tag{79}$$

In dieser Form stellt das erste Glied den Einfluß der Belastung des linken Feldes [erste Gl. (35)], das zweite Glied jenen der Vollbelastung des rechten Feldes [Gl. (31)] und das letzte Glied die Wirkung der negativ eingeführten Streifenbelastung über die Länge b_2 dar, die man am einfachsten aus der Gl. (52) erhält, wenn man darin r durch p_2, a_1 durch b_2 ersetzt, für $x_0{}'$ den Abstand der Fahrzeugmitte vom Randauflager einführt, der sich nach der im vorigen Punkt festgelegten und in Abb. 21 oben dargestellten Laststellung mit

$$x_0{}''' = \frac{l}{\sqrt{3}} - \left(\frac{a_2}{2} - u\right) = \frac{l}{\sqrt{3}} - \frac{a_2}{2}\,(\varrho_1 - \varrho_2)$$

ergibt, und schließlich das Vorzeichen wechselt.

Auch hier soll noch eine Vereinfachung vorgenommen werden: Die Glieder, welche die Differenz $\varrho_1 - \varrho_2$ enthalten, liefern für das Moment nur einen geringen Beitrag, er wird bei gleichen Einzellasten überhaupt Null. Namentlich das letzte Glied, welches die Differenz in der 3. Potenz enthält, ist klein. Selbst für den ungünstigsten Fall, daß $\varrho_2 = 0$ wird ($P_2 = 0$), erhalten wir für das Stützenmoment ($\overline{m} = 1$) und dem größten Wert $\overline{a}_2 = 0{,}3$ bei dem normenmäßigen Verhältnis $v_2 = 2$ mit und ohne Berücksichtigung dieses Gliedes einen Unterschied, der unter 1 % liegt. Wir wollen es daher unterdrücken und erhalten, ähnlich wie bei Lastenzug I, mit Einführung der nachfolgenden Abkürzungen:

$$B_6 = \frac{1}{16}\,\overline{m}\left[\left(5 - \frac{4}{\overline{m}}\right)^2 + 1 - \frac{1}{3\sqrt{3}}\,v_2\,\overline{a}_2\,(8 - 3\,v_2{}^2\,\overline{a}_2{}^2)\right]$$

$$B_7 = \frac{1}{32}\,\overline{m}\,v_2{}^3\,\overline{a}_2{}^4 \qquad\qquad B_8 = \frac{\sqrt{3}}{16}\,\overline{m}\,v_2\,\overline{a}_2{}^3 \tag{80}$$

$$M = -[B_6 - B_7\,(\varrho_1 - \varrho_2) + B_8\,(\varrho_1 - \varrho_2)^2]\,p_2\,l^2. \tag{81}$$

15. Tafel 4. Erläuterungen.

Die Tafel 4 enthält die Beiwerte B_4 bis B_8. Da, den normenmäßigen Abmessungen entsprechend, $v_2 = 2$ gesetzt ist, haben die Werte B_6 bis B_8 nur für dieses Verhältnis Gültigkeit und müßten für andere, außer der Norm liegende Fahrzeugabmessungen neu ermittelt werden.

B. Querkräfte und Auflagerdrücke.

1. Formen der Einflußlinien.

Die Einflußlinien der Querkräfte für einen beliebigen Punkt (m), die sich aus jener für den einfachen Balken und aus dem durch das Stützenmoment hervorgerufenen Anteil zusammensetzen, haben folgende Gleichungen (s. Abb. 22):

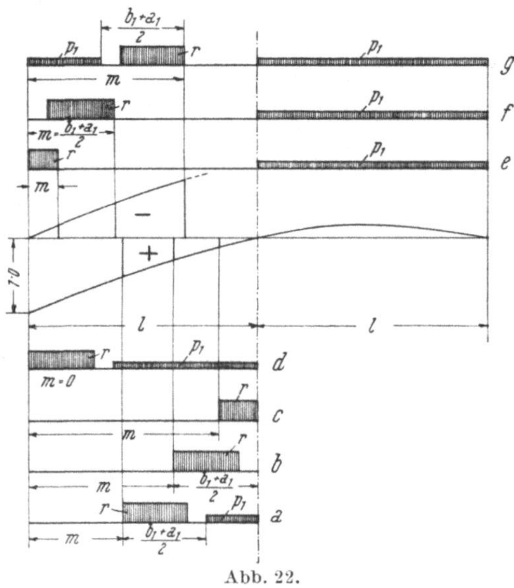

Abb. 22.

Im linken Feld für den Bereich: $0 < x < m$:

$$y = -\frac{x}{l} - \frac{1}{4}\frac{x}{l^3}(l^2 - x^2).$$

Im linken Feld für den Bereich: $m < x < l$:

$$y = 1 - \frac{x}{l} - \frac{1}{4}\frac{x}{l^3}(l^2 - x^2).$$

Im rechten Feld:

$$y = -\frac{1}{4}\frac{x}{l^3}(l^2 - x^2).$$

$$(82)$$

Tafel 4. *Negative Momente, Lastenzug II.*

$\bar{a}_2$	$\bar{m} = 0,80$				$\bar{m} = 0,85$			
	$B_4 = 0,0770$				$B_4 = 0,0818$			
	B_5	B_6	B_7	B_8	B_5	B_6	B_7	B_8
0,08	0,0022	0,0378	0,00001	0,00009	0,0024	0,0448	0,00001	0,00009
10	035	348	002	017	037	416	002	018
12	050	319	004	030	053	385	004	032
14	068	291	008	048	072	355	008	051
16	089	263	013	071	094	326	014	075
18	112	236	021	101	119	297	022	107
20	139	211	032	139	147	270	034	147
22	168	186	047	184	178	243	050	196
24	200	162	066	239	212	219	071	254
26	234	140	094	304	249	195	097	323
28	272	120	123	380	289	173	131	404
30	312	100	162	468	331	153	172	497

$\bar{a}_2$	$\bar{m} = 0,90$				$\bar{m} = 0,95$			
	$B_4 = 0,0866$				$B_4 = 0,0914$			
	B_5	B_6	B_7	B_8	B_5	B_6	B_7	B_8
0,08	0,0025	0,0599	0,00001	0,00010	0,0026	0,0819	0,00001	0,00011
10	039	566	002	020	041	784	002	021
12	056	533	005	034	059	749	005	036
14	076	501	009	054	081	715	009	056
16	100	470	015	080	105	683	016	084
18	126	440	024	114	133	651	025	120
20	156	410	036	156	165	620	038	165
22	189	383	053	208	199	591	056	219
24	224	356	075	269	237	563	079	284
26	263	331	103	343	278	537	109	362
28	306	308	138	428	323	512	146	452
30	351	287	182	526	370	498	192	555

$\bar{a}_2$	$\bar{m} = 1,00$			
	$B_4 = 0,0962$			
	B_5	B_6	B_7	B_8
0,08	0,0028	0,1098	0,00001	0,00011
10	043	1060	003	022
12	062	1024	005	037
14	085	0988	010	059
16	111	0954	016	089
18	140	0920	026	126
20	173	0888	040	173
22	210	0857	059	231
24	249	0828	083	299
26	293	0800	114	381
28	339	0775	154	475
30	390	0751	203	585

$$\bar{a}_2 = \frac{a_2}{l}, \quad \bar{m} = \frac{m}{l}, \quad b_2 = 2,00\, a_2$$

$$P_1 > P_2, \quad \varrho_1 = \frac{P_1}{P_1 + P_2},$$

$$\varrho_2 = \frac{P_2}{P_1 + P_2}$$

$$\underline{M = -(B_4 - B_5\,\varrho_1\varrho_2)(P_1 + P_2)\,l -}$$

$$\underline{-[B_6 - B_7(\varrho_1 - \varrho_2) + B_8(\varrho_1 - \varrho_2)^2]\,p_2 l^2}$$

Hiebei sind die Abszissen jeweils immer von der Randstütze gegen die Mittelstütze gezählt. Der Einflußlinienverlauf im rechten Feld ist hiebei unabhängig von dem betrachteten Querschnittsort.

Die zweite und dritte Gl. (82) geben gleichzeitig auch den Auflagerdruck an der Randstütze an. Die Einflußlinie für den Auflagerdruck an der Mittelstütze ist gesondert zu bilden, man erhält dafür für jedes Feld die Form (s. Abb. 24):

$$y = \frac{1}{2}\,\frac{x}{l}\left(3 - \frac{x^2}{l^2}\right), \tag{82a}$$

wobei x wie vor in jedem Feld von der Randstütze aus gezählt wird.

Der Vollständigkeit wegen seien noch die Einflußflächen angegeben, die für die Ermittlung des Einflusses einer durchwegs gleichmäßigen Lastverteilung benötigt werden. Sie sind:

Im linken Feld für den Abschnitt 0 bis m:

$$F_1 = -\frac{m^2}{16\,l}\left(10 - \frac{m^2}{l^2}\right) \tag{83a}$$

für den Abschnitt m bis l:

$$F_2 = \frac{7}{16}\,l - m + \frac{m^2}{16\,l}\left(10 - \frac{m^2}{l^2}\right). \tag{83b}$$

Im rechten Feld:

$$F_3 = -\frac{1}{16}\,l. \tag{83c}$$

Die Summe aller Einflußflächen ergibt:

$$F = \frac{3}{8}\,l - m. \tag{83d}$$

Die größten und kleinsten Auflagerdrücke für eine gleichmäßig verteilte bewegliche Belastung p lauten:

An der Randstütze [aus Gl. (83b) für $m = 0$]:

$$_{\max}Ap = \frac{7}{16}\,p\,l. \tag{84a}$$

An der Randstütze [aus Gl. (83c)]:

$$_{\min}Ap = -\frac{1}{16}\,p\,l. \tag{84b}$$

An der Mittelstütze [aus Gl. (82a)]:

$$Bp = \frac{10}{8}\,p\,l. \tag{84c}$$

Für ein gleichmäßig verteiltes Eigengewicht (g) lauten die entsprechenden Werte:

$$Ag = \frac{3}{8}\, g\, l. \tag{85a}$$

$$Bg = \frac{10}{8}\, g\, l. \tag{85b}$$

2. Lastenzug I. Querkräfte.

Die analytische Auswertung der Gl. (82) führt, je nach der Belastungslänge, zu verschiedenen Ausdrücken für die Querkräfte. Die Laststellung selbst ist dadurch gegeben, daß der Beginn der Raupenlast an die Unstetigkeitsstelle der Einflußlinie zu stehen kommt. Entsprechend der Abb. 22, in welcher unten die Laststellungen für die positive und oben jene für die negative Querkraft eingetragen sind, und mit Verwendung der schon früher gebrauchten Abkürzungen

$$\overline{m} = \frac{m}{l}\,, \quad \overline{a}_1 = \frac{a_1}{l}\,, \quad \nu_1 = \frac{b_1}{a_1}$$

erhalten wir für die positive Querkraft den Ausdruck:

$$Q^{(+)} = C_1\, r\, l + C_2\, p_1\, l, \tag{86}$$

in welchem die Beiwerte C je nach der Belastungslänge verschiedene Formen annehmen. Und zwar gilt:

Solange sich die Raupenlast in ihrer vollen Länge über dem Träger befindet, also für Querschnitte in dem Bereiche:

$$0 \leqq \overline{m} \leqq (1-\overline{a}_1)\dots C_1 = \frac{1}{16}\left[(\overline{m}+\overline{a}_1)^4 - \overline{m}^4 - 2\,\overline{a}_1\,(5\,\overline{a}_1 + 10\,\overline{m} - 8)\right] \tag{86a}$$

(s. Abb. 22a). Beim Fortschreiten der Last gegen die Mittelstütze tritt (beginnend bei $m = l - a_1$) der Fall ein, daß, die Möglichkeit einer Lastentrennung vorausgesetzt, nur ein Teil der Raupenlast zur Wirkung kommt (Abb. 22c). Dieser Bereich ist gekennzeichnet durch:

$$(1-\overline{a}_1) \leqq \overline{m} \leqq 1\dots C_1 = \frac{7}{16} - \overline{m} + \frac{5}{8}\,\overline{m}^2 - \frac{\overline{m}^4}{16}\,. \tag{86b}$$

Ebenso treten für C_2, das den Einfluß der Verkehrsgleichlast angibt, zwei verschiedene Formen auf. So lange $m \leqq l - \dfrac{b_1 + a_1}{2}$ ist (Abb. 22 a), gilt:

$$0 \leqq \overline{m} \leqq \left(1 - \frac{1+\nu_1}{2}\,\overline{a}_1\right)\dots C_2 = \frac{7}{16} - \overline{c}_2 + \frac{5}{8}\,\overline{c}_2^{\,2} - \frac{1}{16}\,\overline{c}_2^{\,4} \left.\vphantom{\frac{1+\nu_1}{2}}\right\}$$
$$\overline{c}_2 = \overline{m} + \frac{1+\nu_1}{2}\,\overline{a}_1 \tag{86c}$$

Bei kleiner werdender Belastungslänge verschwindet bei $m = l - \dfrac{b_1 + a_1}{2}$ (Abb. 22 b) der Einfluß der Verkehrsgleichlast, es ist dann für den Bereich:

$$\left(1 - \frac{1+\nu_1}{2}\,\overline{a}_1\right) \leqq \overline{m} \leqq 1\dots C_2 = 0\,. \tag{86d}$$

In gleicher Weise ergibt sich für die negative Querkraft:

$$Q^{(-)} = -C_3\, r\, l - C_4\, p_1\, l, \qquad (87)$$

worin für die einzelnen Bereiche die Werte C folgende Formen annehmen (Abb. 22 e, f, g):

$$0 \leqq \overline{m} \leqq \overline{a}_1 \ldots \ldots \ldots C_3 = \frac{\overline{m}^2}{16}\,(10 - \overline{m}^2) \qquad (87\,\mathrm{a})$$

$$\overline{a}_1 \leqq \overline{m} \leqq 1 \ldots \ldots \ldots C_3 = \frac{1}{16}\,[(\overline{m} - \overline{a}_1)^4 - \overline{m}^4 + 10\,\overline{a}_1\,(2\,\overline{m} - \overline{a}_1)] \qquad (87\,\mathrm{b})$$

$$0 \leqq \overline{m} \leqq \frac{1 + \nu_1}{2}\,\overline{a}_1 \ .\ .\ C_4 = \frac{1}{16} \qquad (87\,\mathrm{c})$$

$$\left. \begin{aligned} \frac{1 + \nu_1}{2}\,\overline{a}_1 \leqq \overline{m} \leqq 1 \ldots C_4 &= \frac{1}{16}\,[1 + \overline{c}_4{}^2\,(10 - \overline{c}_4{}^2)] \\ \overline{c}_4 &= \overline{m} - \frac{1 + \nu_1}{2}\,\overline{a}_1 \end{aligned} \right\} . \qquad (87\,\mathrm{d})$$

Die vorstehenden Ausdrücke (87) sind alle an die Voraussetzung der in Abb. 22 oben dargestellten Laststellung gebunden, d. h. daß im rechten Feld immer nur die Verkehrsgleichlast vorhanden ist. Für kleine Werte $\overline{m}$, für welche Gl. (87a) maßgebend ist, wird diese Voraussetzung nicht zutreffen; vielmehr wird bis zu einem bestimmten Wert $\overline{m}$ der Fall eintreten, daß die Aufstellung der Raupenlast im rechten Feld größere Querkräfte ergibt. Nun ist aber in der Nähe der Randstütze — und darum handelt es sich hier — niemals die negative, sondern die positive Querkraft maßgebend. Die Berücksichtigung einer solchen Lastumstellung hätte daher nur theoretisches Interesse und würde unsere Darstellung nur verwickelter gestalten. Es soll daher dieser Umstand außer Betracht bleiben. Lediglich bei der Ermittlung des kleinsten Auflagerdruckes an der Randstütze wird eine solche Laststellung berücksichtigt (s. Pkt. 3).

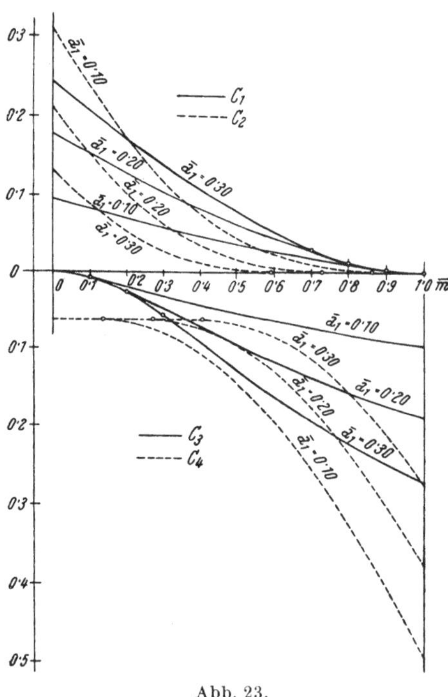

Abb. 23.

Um eine Vorstellung über den Verlauf der Beiwerte C_1 bis C_4 zu erhalten, sind diese in der Abb. 23 für die drei Werte $\overline{a}_1 = 0,10,\ 0,20$ und 0,30 unter Berücksichtigung der Gültigkeitsgrenzen dargestellt.

3. Lastenzug I. Auflagerdrücke.

Der größte Auflagerdruck an der Randstütze ergibt sich unmittelbar aus Gl. (86) und (86a), wenn für $\overline{m} = 0$ gesetzt wird (Abb. 22d):

$$\begin{aligned}
{}_{\max} A &= C_1' \, r \, l + C_2' \, p_1 \, l \\
C_1' &= \frac{1}{16} \left[\overline{a}_1^4 - 2 \, \overline{a}_1 \, (5 \overline{a}_1 - 8) \right] \\
C_2' &= \frac{7}{16} - \overline{c}_2' + \frac{5}{8} \, \overline{c}_2'^2 - \frac{1}{16} \, \overline{c}_2'^4 \\
\overline{c}_2' &= \frac{1 + \nu_1}{2} \, \overline{a}_1
\end{aligned} \qquad (88)$$

Der kleinste Auflagerdruck an der Randstütze ergibt sich aus der Auswertung der 3. Gl. (82). Diese ist aber nichts anderes als die durch l geteilte Einflußlinie des Stützenmomentes eines Feldes. Man erhält sie daher auch unmittelbar aus der Gl. (27c), wenn man darin $\overline{m} = 1$ setzt und durch l dividiert. Demnach ist der kleinste Auflagerdruck an der Randstütze ein Proportionalwert zu jenem Stützenmoment, welches man erhält, wenn man eine Hälfte der Einflußlinie für das Stützenmoment in der ungünstigsten Weise belastet. Dies ist aber bei der Ermittlung der größten negativen Momente bereits geschehen. Demnach ergibt sich für den kleinsten Auflagerdruck an der Randstütze der Ausdruck:

$$\ _{\min} A = - C_1'' \, r \, l - C_2'' \, p_1 \, l, \qquad (88\,\text{a})$$

worin

$$\begin{aligned}
C_1'' &= \frac{1}{2} \, \overline{a}_1 \, \beta^3 \\
C_2'' &= \frac{1}{48} \left\{ 3 - \nu_1 \, \overline{a}_1 \, \beta \left[8 - \overline{a}_1^2 \, (3 \nu_1^2 - 1) \right] \right\}
\end{aligned} \qquad (88\,\text{b})$$

aus den Gl. (57) und (60) folgen, wenn man darin $\overline{m}$ durch 1 ersetzt. In der Tafel 5 sind die Werte C_1'' vollständig gleich den Werten A_3 für $\overline{m} = 1$ der Tafel 2 und die Werte C_2'' erhält man aus den Werten A_4 für $\overline{m} = 1$ der Tafel 2, wenn man von ihnen den unveränderlichen Betrag $^1/_{16} = 0{,}0625$, der der Einflußfläche eines Feldes der Einflußlinie für das Stützenmoment entspricht, abzieht.

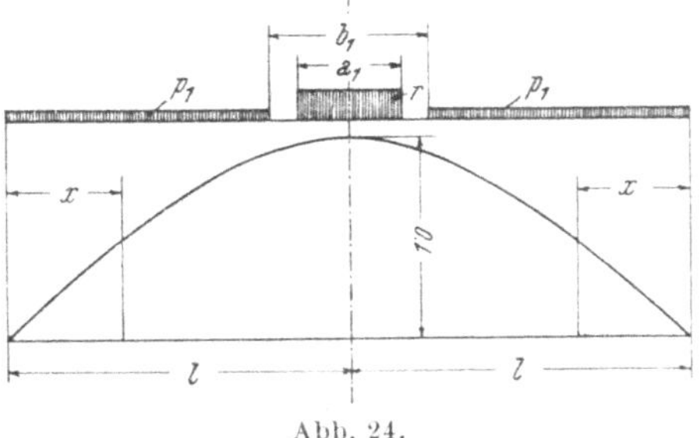

Abb. 24.

Der Auflagerdruck an der Mittelstütze erfordert eine gesonderte Behandlung. Die der Gl. (82a) entsprechende Einflußlinie ist in Abb. 24 dargestellt. Man erkennt sofort, daß der größte Auflagerdruck für eine symmetrische Stellung des Lastenzuges eintritt. Es ergibt sich für ihn folgende Form:

Tafel 5. *Querkräfte und Auflagerdrücke, Lastenzug I.*

$\bar{a}_1$	$\bar{m}=0$						$\bar{m}=0,1$			
	$C_1=C_1'$	$C_2=C_2'$	C_1''	C_2''	C_3	C_4	C_1	C_2	C_3	C_4
0,10	0,0938	0,313	0,0096	0,0462	0	0,0625	0,0813	0,236	0,006	0,0625
12	1110	289	115	430	0	25	0961	218	6	25
14	1278	270	134	399	0	25	1105	200	6	25
16	1440	250	152	368	0	25	1243	183	6	25
18	1598	230	171	339	0	25	1376	166	6	25
20	1751	212	190	310	0	25	1505	151	6	25
22	1899	194	208	281	0	25	1629	137	6	25
24	204	177	226	254	0	25	1750	123	6	25
26	218	162	244	228	0	25	1865	110	6	25
28	231	146	261	203	0	25	1975	098	6	25
30	244	132	279	179	0	25	208	087	6	25
32	257	119	296	156	0	25	218	077	6	25
34	269	106	313	135	0	25	228	067	6	25

$\bar{a}_1$	$\bar{m}=0,2$				$\bar{m}=0,3$				$\bar{m}=0,4$			
	C_1	C_2	C_3	C_4	C_1	C_2	C_3	C_4	C_1	C_2	C_3	C_4
0,10	0,0692	0,171	0,019	0,065	0,0573	0,118	0,031	0,079	0,0461	0,076	0,043	0,106
12	0816	156	21	3	0674	106	36	74	0540	66	50	97
14	0935	141	23	3	0771	094	40	70	0615	57	56	90
16	1050	127	24	25	0863	083	44	67	0685	49	63	83
18	1160	114	25	25	0951	073	47	64	0752	42	68	78
20	1265	102	25	25	1034	063	50	63	0815	35	74	73
22	1367	090	25	25	1113	055	52	25	0873	29	78	69
24	1462	080	25	25	1188	047	53	25	0929	24	82	66
26	1554	070	25	25	1259	040	54	25	0980	19	86	64
28	1642	061	25	25	1326	033	55	25	1028	15	89	63
30	1726	052	25	25	1388	027	56	25	1072	11	92	625
32	1805	045	25	25	1447	022	56	25	1112	08	94	625
34	1880	038	25	25	1502	017	56	25	1149	05	96	625

$\bar{a}_1$	$\bar{m}=0,5$				$\bar{m}=0,6$				$\bar{m}=0,7$			
	C_1	C_2	C_3	C_4	C_1	C_2	C_3	C_4	C_1	C_2	C_3	C_4
0,10	0,0354	0,044	0,054	0,144	0,0257	0,022	0,065	0,194	0,0168	0,008	0,074	0,255
12	413	37	063	133	297	17	076	180	193	5	088	238
14	468	31	072	122	334	13	087	166	214	3	101	221
16	520	25	080	112	368	10	098	153	232	2	114	205
18	567	20	089	103	398	07	109	141	247	1	127	190
20	611	16	097	095	425	05	119	129	260	0	139	175
22	651	12	104	088	449	03	128	119	270	0	151	161
24	688	09	110	081	470	01	137	109	278	0	162	149
26	722	06	117	076	488	01	145	100	283	0	173	137
28	752	04	122	072	504	0	156	093	286	0	183	130
30	779	02	127	068	517	0	161	086	287	0	193	116
32	804	01	132	065	527	0	168	080	287	0	202	106
34	825	0	136	063	532	0	175	075	287	0	211	098

Fortsetzung der Tafel 5.

$\bar{a}_1$	$\bar{m} = 0{,}8$				$\bar{m} = 0{,}85$				$\bar{m} = 0{,}90$			
	C_1	C_2	C_3	C_4	C_1	C_2	C_3	C_4	C_1	C_2	C_3	C_4
0,10	0,0092	0,001	0,083	0,326	0,0058	0	0,087	0,365	0,0027	0	0,091	0,406
12	102	0	099	306	62	0	104	344	27	0	108	384
14	109	0	114	286	64	0	120	323	27	0	125	362
16	115	0	129	268	64	0	136	303	27	0	142	341
18	118	0	143	250	64	0	151	284	27	0	158	320
20	119	0	158	233	64	0	166	265	27	0	174	300
22	119	0	171	215	64	0	181	247	27	0	190	280
24	119	0	185	200	64	0	195	229	27	0	205	262
26	119	0	197	185	64	0	209	213	27	0	220	244
28	119	0	210	171	64	0	222	198	27	0	234	227
30	119	0	222	158	64	0	236	183	27	0	248	211
32	119	0	234	145	64	0	248	169	27	0	262	195
34	119	0	245	134	64	0	261	156	27	0	275	181

$\bar{a}_1$	$\bar{m} = 0{,}95$				$\bar{m} = 1{,}00$					
	C_1	C_2	C_3	C_4	C_1	C_2	C_3	C_4	C_5	C_6
0,10	0,0006	0	0,094	0,449	0	0	0,097	0,494	0,100	1,079
12	06	0	112	426	0	0	116	470	120	1,045
14	06	0	130	403	0	0	134	446	140	1,012
16	06	0	147	379	0	0	153	422	159	0,978
18	06	0	165	359	0	0	171	399	179	945
20	06	0	181	337	0	0	188	377	199	912
22	06	0	198	316	0	0	205	355	219	879
24	06	0	214	296	0	0	222	334	238	847
26	06	0	230	277	0	0	239	313	258	815
28	06	0	245	259	0	0	255	294	277	783
30	06	0	260	241	0	0	271	275	297	752
32	06	0	276	225	0	0	287	256	316	721
34	06	0	289	208	0	0	301	239	335	690

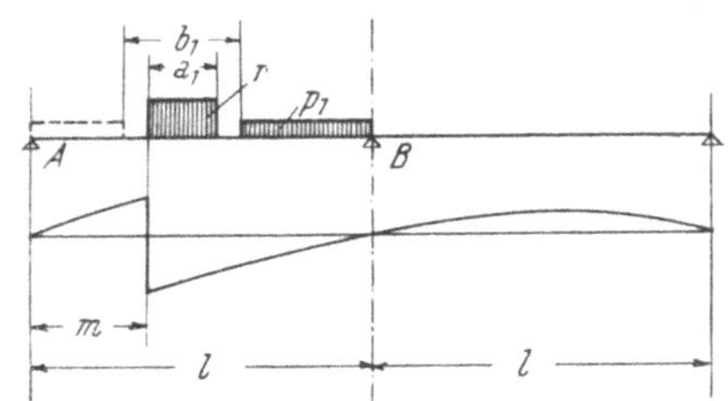

Positive Querkräfte:

$$Q^{(+)} = (C_1\, r + C_2\, p_1)\, l$$

Auflagerdruck an der Randstütze:

$$_{\max}A = (C_1{}'\, r + C_2{}'\, p_1)\, l$$
$$_{\min}A = - (C_1{}''\, r + C_2{}''\, p_1)\, l$$

$$\bar{m} = \frac{m}{l}, \quad \bar{a}_1 = \frac{a_1}{l}$$
$$b_1 = 1{,}714\, a_1$$

Negative Querkräfte:

$$Q^{(-)} = - (C_3\, r + C_4\, p_1)\, l$$

Auflagerdruck an der Mittelstütze:

$$_{\max}B = (C_5\, r + C_6\, p_1)\, l$$

$$B = C_5\, r\, l + C_6\, p_1\, l$$
$$C_5 = \frac{1}{4}\left[5 - 6\left(1 - \frac{\bar{a}_1}{2}\right)^2 + \left(1 - \frac{\bar{a}_1}{2}\right)^4\right]$$
$$C_6 = \frac{1}{4}\left(1 - \frac{v_1\bar{a}_1}{2}\right)^2\left[6 - \left(1 - \frac{v_1\bar{a}_1}{2}\right)^2\right]$$

\hfill (89)

Es ist selbstverständlich, daß diese Beziehungen nur dann gelten, wenn die Stützweiten so groß sind, daß der vollständige Lastenzug auf dem Träger Platz findet. Das ist praktisch immer der Fall, da die Grenze der Stützweite bei $l = \dfrac{b_1}{2}$, also für $b_1 = 6{,}00$ m bei $l = 3{,}00$ m liegt, ein Wert, der praktisch nicht erreicht wird.

4. Tafel 5. Erläuterungen.

In der Tafel 5 sind die Beiwerte C mit den gleichen Intervallen wie bei den Momenten errechnet. Der Ort $\overline{m} = 0{,}435$ wurde, da er hier keine Bedeutung hat, weggelassen. Für v_1 wurde wieder das normenmäßige Verhältnis $v_1 = \dfrac{6{,}00}{3{,}50} = 1{,}714$ verwendet, so daß die Tafelwerte C_2, C_2', C_2'', C_4 und C_6, die dieses Verhältnis enthalten und den Einfluß der Verkehrsgleichlast zum Ausdruck bringen, nur für dieses eine, besondere Verhältnis gelten und für einen anderen Zahlenwert desselben neu errechnet werden müßten. Auf den Gültigkeitsbereich der einzelnen Formeln wurde Rücksicht genommen.

5. Lastenzug II. Querkräfte.

Wir erhalten mit Hilfe der Gleichungen der Querkrafteinflußlinien nach den Gl. (82) und der eindeutig festliegenden Laststellung, nach welcher die größere der beiden Einzellasten, das ist P_1, an die Unstetigkeitsstelle zu setzen ist, folgende allgemeine Ausdrücke:
Für die positive Querkraft (Abb. 25 unten):

$$Q^{(+)} = D_1\, P_1 + D_2\, P_2 + D_3\, p_2\, l. \hfill (90)$$

Je nach der Belastungslänge haben die Beiwerte D_1 bis D_3 verschiedene Formen. Ähnlich wie bei Lastenzug I erhält man (s. Abb. 25a, b, c, d):

allgemein für: $0 \leqq \overline{m} \leqq 1 \ldots\ldots D_1 = 1 - \dfrac{\overline{m}}{4}\,(5 - \overline{m}^2)$ \hfill (90a)

für: $0 \leqq \overline{m} \leqq (1 - \bar{a}_2) \ldots\ldots\ldots D_2 = \dfrac{1}{4}\,[4 - 5\overline{m} - 5\bar{a}_2 + (\overline{m} + \bar{a}_2)^3]$ \hfill (90b)

für: $(1 - \bar{a}_2) \leqq \overline{m} \leqq 1 \ldots\ldots\ldots D_2 = 0$ \hfill (90c)

für: $0 \leqq \overline{m} \leqq \left(1 - \dfrac{1 + v_2}{2}\,\bar{a}_2\right) \ldots D_3 = \dfrac{1}{16}\,(7 - 16\bar{d}_3 + 10\bar{d}_3{}^2 - \bar{d}_3{}^4)$
$$\bar{d}_3 = \overline{m} + \frac{1 + v_2}{2}\,\bar{a}_2$$

\hfill (90d)

für: $\left(1 - \dfrac{1 + v_2}{2}\,\bar{a}_2\right) \leqq \overline{m} \leqq 1 \ldots D_3 = 0.$ \hfill (90e)

Ebenso ergibt sich für die negative Querkraft:

$$Q^{(-)} = -D_4 P_1 - D_5 P_2 - D_6 p_2 l, \tag{91}$$

wobei die Beiwerte D_4 bis D_6 durch die folgenden Grenzen und Ausdrücke festgelegt sind (Abb. 25 e, f, g):

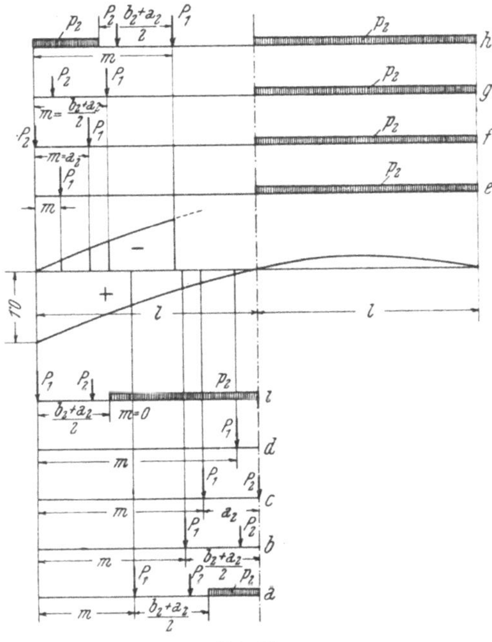

Abb. 25.

allgemein für: $0 \leqq \overline{m} \leqq 1$ .... $D_4 = \dfrac{\overline{m}}{4}(5 - \overline{m}^2)$ \hfill (91 a)

für: $0 \leqq \overline{m} \leqq \overline{a}_2$ .... $D_5 = 0$ \hfill (91 b)

für: $\overline{a}_2 \leqq \overline{m} \leqq 1$ .... $D_5 = \dfrac{1}{4}[5\overline{m} - (\overline{m} - \overline{a}_2)^3 - 5\overline{a}_2]$ \hfill (91 c)

für: $0 \leqq \overline{m} \leqq \dfrac{1 + \nu_2}{2}\overline{a}_2$ ... $D_6 = \dfrac{1}{16}$ \hfill (91 d)

für: $\dfrac{1 + \nu_2}{2}\overline{a}_2 \leqq \overline{m} \leqq 1$ ... $D_6 = \dfrac{1}{16}[1 + \overline{d}_6^{\,2}(10 - \overline{d}_6^{\,2})]$

$$\overline{d}_6 = \overline{m} - \dfrac{1 + \nu_2}{2}\overline{a}_2. \tag{91 e}$$

Wie beim Lastenzug I ist auch hier eine Lastentrennung der Fahrzeuglasten ins Auge gefaßt. Hinsichtlich der negativen Querkraft in der Nähe der Randstütze [Gl. (91 a) und (91 d)], die sich aus dem Einfluß der Last P_1 im linken und der Verkehrsgleichlast über dem rechten Feld zusammensetzt, muß wieder darauf verwiesen werden, daß unterhalb eines gewissen Grenzwertes von $\overline{m}$ die Aufstellung der Fahrzeuglasten im rechten Feld größere Werte der negativen Querkraft ergeben wird, als die den Gl. (91 a) und (91 d) zugrunde gelegte Laststellung. Da jedoch

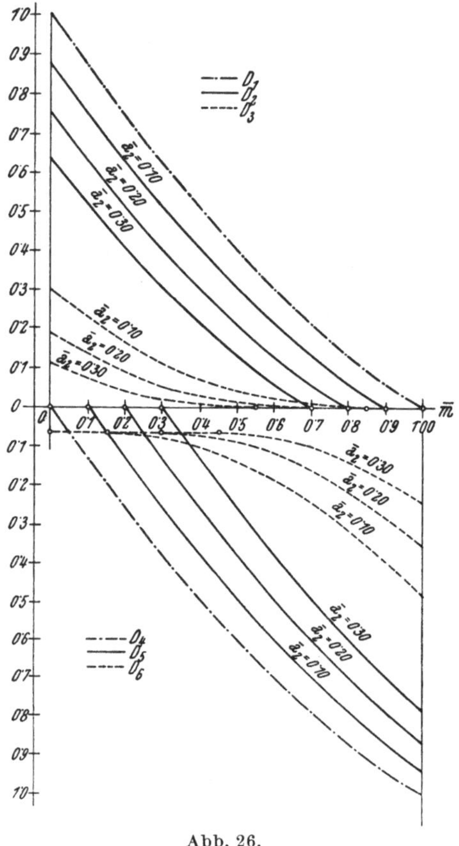

Abb. 26.

an der Randstütze niemals die negative, sondern die positive Querkraft maßgebend ist, gilt auch für diesen Fall das im vorletzten Absatz des Punktes 2 für die Raupenlast Gesagte. Eine Vorstellung über den Verlauf der Querkräfte gibt die Abb. 26, in welcher die Werte D_1 bis D_6 für $\overline{a}_2 = 0{,}10,\ 0{,}20$ und $0{,}30$ gezeichnet sind.

6. Lastenzug II. Auflagerdrücke.

Der größte positive Auflagerdruck an der Randstütze folgt unmittelbar aus den Gl. (90), (90 a), (90 b) und (90 d), wenn für $\overline{m} = 0$ gesetzt wird. Wir erhalten:

$$\begin{aligned}
{}_{\max}A &= P_1 + D_2{}' \, P_2 + D_3{}' \, p_2 \, l \\
D_2{}' &= \frac{1}{4} \, (4 - 5 \, \bar{a}_2 + \bar{a}_2{}^3) \\
D_3{}' &= \frac{1}{16} \, (7 - 16 \, \bar{d}_3{}' + 10 \, \bar{d}_3{}'^2 - \bar{d}_3{}'^4) \\
\bar{d}_3{}' &= \frac{1 + \nu_2}{2} \, \bar{a}_2
\end{aligned} \right\} \tag{92}$$

Den größten negativen Auflagerdruck an der Randstütze erhalten wir in der gleichen Weise wie beim Lastenzug I aus der ungünstigsten Belastung nur eines Feldes der durch l geteilten Einflußlinie für das Stützenmoment. Mithin ergibt sich für diesen Auflagerdruck eine ähnliche Form wie für das größte Stützenmoment. Sie lautet:

$$\begin{aligned}
{}_{\min}A = &-(0{,}0962 - D_5{}'' \varrho_1 \varrho_2) \, (P_1 + P_2) - \\
&- [D_6{}'' - D_7{}'' (\varrho_1 - \varrho_2) + D_8{}'' (\varrho_1 - \varrho_2)^2] \, p_2 \, l
\end{aligned} \tag{92a}$$

und folgt aus den Gl. (78a) und (81). Die Beiwerte $D_5{}''$ bis $D_8{}''$ sind:

$$\begin{aligned}
D_5{}'' &= \frac{\sqrt{3}}{4} \, \bar{a}_2{}^2 \\
D_6{}'' &= \frac{1}{16} \left[1 - \frac{1}{3\sqrt{3}} \, \nu_2 \, \bar{a}_2 \, (8 - 3 \, \nu_2{}^2 \, \bar{a}_2{}^2) \right] \\
D_7{}'' &= \frac{1}{32} \, \nu_2{}^3 \, \bar{a}_2{}^4 \\
D_8{}'' &= \frac{\sqrt{3}}{16} \, \nu_2 \, \bar{a}_2{}^3
\end{aligned} \right\} \tag{92b}$$

Sie sind identisch mit den B-Werten der Gl. (78b) und (80), wenn man in diesen Beziehungen $\bar{m} = 1$ setzt und beim Wert $D_6{}''$ überdies das aus der Belastung des zweiten Feldes der Einflußlinie für das Stützenmoment mit der Verkehrsgleichlast herrührende Glied $\left(5 - \dfrac{4}{\bar{m}}\right)^2$ [erste Gl. (80)] wegläßt. Der Wert 0,0962 entspricht dem Wert $B_4 = \dfrac{1}{6\sqrt{3}} \, \bar{m}$ für $\bar{m} = 1$.

Die Bezeichnungsweise $D_5{}''$ bis $D_8{}''$ wurde wegen der Analogie zum Stützenmoment gewählt.

Die Ermittlung des Auflagerdruckes an der Mittelstütze erfolgt in besonderer Weise. Da dessen Einflußlinie einen stetigen Verlauf zeigt und der Lastenzug keine Symmetrie aufweist, muß zunächst die ungünstigste Stellung des Lastenzuges — nach unseren schon wiederholt gebrauchten Vereinfachungen für das Fahrzeug allein — bestimmt werden. Wir stellen daher das Fahrzeug in beliebiger Lage auf den Träger und bezeichnen den Abstand der Last P_1 vom linken Randauflager mit x_0; dann wird der Abstand der Last P_2 vom rechten Randauflager $2\,l - x_0 - a_2$ (Abb. 27a). Es braucht wohl nicht besonders hervorgehoben zu werden, daß eine andere Stellung der Lasten als die gezeichnete, bei der also die beiden Einzellasten zu verschiedenen Seiten der Mittelstütze liegen, für die Bestimmung des größten Auflagerdruckes nicht denkbar ist. Ermittelt man für die so angenommene Stellung nach der Gl. (82 a), die in gleicher Weise für P_1 von der linken Randstütze und für P_2 von der rechten Randstütze aus angewendet wird, den Wert des Auflagerdruckes und differentiiert man diesen nach x_0, so erhält man, da die Gl. (82 a) vom dritten Grade ist, eine quadratische Bestimmungsgleichung für x_0. Diese Form ist für die weitere Behandlung nicht nur unbequem, sondern auch unnötig. Es ist ohneweiters einleuchtend, daß die schwache Krümmung der Einflußlinie im Parabelscheitel sowohl auf den Ort der Laststellung als auch auf die Größe des Auflagerdruckes nur einen geringen Einfluß haben kann.

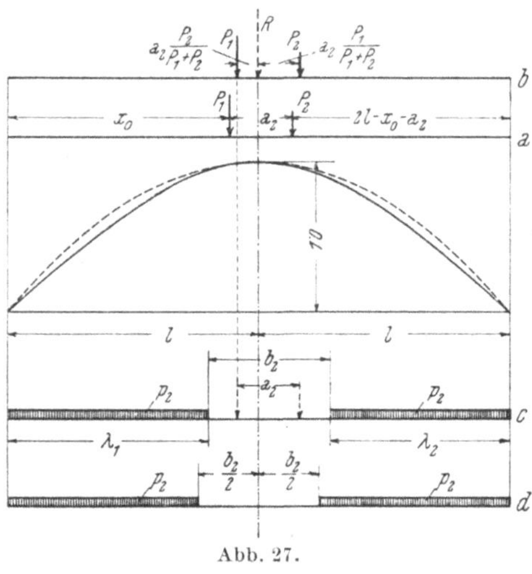

Abb. 27.

Wir wollen daher die Einflußlinie nach Gl. (82 a) — in Abb. 27 mit einer vollen Linie dargestellt — durch eine quadratische Parabel mit dem gleichen Scheitelwert 1 ersetzen und erhalten dafür den Ausdruck:

$$y = \frac{x}{l}\left(2 - \frac{x}{l}\right). \tag{82 b}$$

Sie ist in Abb. 27 strichliert eingetragen. Diese Linie soll ausschließlich nur zur Festlegung der ungünstigsten Laststellung dienen. Wir gewinnen damit für B den Ausdruck:

$$B = \frac{x_0}{l}\left(2 - \frac{x_0}{l}\right)P_1 + \frac{2l - x_0 - a_2}{l}\left(2 - \frac{2l - x_0 - a_2}{l}\right)P_2, \tag{93}$$

aus welchem durch Differentiation nach x_0 für dieses der sehr einfache Wert

$$x_0 = l - \frac{a_2 P_2}{P_1 + P_2} \tag{93 a}$$

folgt. Nun ist aber $\dfrac{a_2 P_2}{P_1 + P_2} = u$ nichts anderes als der Abstand der Last P_1 von der Resultierenden der Kräfte P_1 und P_2, d. h. die ungünstigste Stellung der Fahrzeuglasten ist dann erreicht, wenn deren Resultierende über der Stütze, also über dem größten Wert der Einflußlinie steht. Ein ähnliches Ergebnis haben wir, wenn auch auf andere Weise, für die Laststellung bei Ermittlung der größten negativen Momente erhalten.

Die Verwendung der Beziehung (93 a) in der Gl. (82 a) liefert mit den schon früher verwendeten Abkürzungen $\varrho_1 = \dfrac{P_1}{P_1 + P_2}$ und $\varrho_2 = \dfrac{P_2}{P_1 + P_2}$ für den Auflagerdruck zunächst den Ausdruck:

$$B' = \left[1 - \frac{3}{2}\,\bar{a}_2{}^2\,\varrho_1\,\varrho_2 + \frac{1}{2}\,\bar{a}_2{}^3\,\varrho_1\,\varrho_2\,(\varrho_1{}^2 + \varrho_2{}^2) \right] (P_1 + P_2), \qquad (94)$$

den wir noch dadurch vereinfachen wollen, daß wir das dritte Klammerglied unterdrücken. Eine nähere Untersuchung zeigt nämlich, daß dieses einen außerordentlich kleinen Beitrag leistet. Er wird, wie man leicht nachrechnet, dann am größten, wenn bei dem äußersten Wert $\bar{a}_2 = 0{,}3 \ldots$ $\ldots P_1 = P_2$ wird; aber selbst dann hätte seine Berücksichtigung nur eine Erhöhung des Auflagerdruckes um weniger als $0{,}2\,\%$ zur Folge, ein Betrag, der vernachlässigbar ist. Wir vereinfachen daher die Gl. (94) zu:

$$B' = \left(1 - \frac{3}{2}\,\bar{a}_2{}^2\,\varrho_1\,\varrho_2 \right) (P_1 + P_2). \qquad (94\,\text{a})$$

An die so gewonnene Laststellung ist nun die Verkehrsgleichlast heranzurücken, entsprechend der in Abb. 27 c dargestellten Form. Bezeichnen wir mit λ_1 und λ_2 die Belastungslängen im linken und rechten Feld, so lautet der mit Hilfe der Gl. (82 a) entwickelte Ausdruck für den Auflagerdruck:

$$B'' = \left[\frac{3}{4}\,(\bar{\lambda}_1{}^2 + \bar{\lambda}_2{}^2) - \frac{1}{8}\,(\bar{\lambda}_1{}^4 + \bar{\lambda}_2{}^4) \right] p_2\,l. \qquad (94\,\text{b})$$

wobei

$$\left. \begin{aligned} \bar{\lambda}_1 &= 1 - \frac{\nu_2 - 1}{2}\,\bar{a}_2 - \bar{a}_2\,\varrho_2 \\[1mm] \bar{\lambda}_2 &= 1 - \frac{\nu_2 - 1}{2}\,\bar{a}_2 - \bar{a}_2\,\varrho_1 \end{aligned} \right\} \qquad (94\,\text{c})$$

die auf die Stützweite $l = 1$ bezogenen Belastungslängen λ darstellen. Diese Form ist für eine tabellenmäßige Darstellung außerordentlich umständlich. Wir wollen daher auch hier eine Vereinfachung dadurch vornehmen, daß wir der Ermittlung des Auflagerdruckes aus der Verkehrsgleichlast die in Abb. 27 d dargestellte Belastungsart zugrunde legen. Sie besteht darin, daß bei gleicher Gesamtbelastungslänge die Anordnung symmetrisch zur Mittelstütze erfolgt. Für diesen Fall ergibt sich $\left(\text{mit } \varrho_1 = \varrho_2 = \frac{1}{2} \right)$ aus den Gl. (94 b) und (94 c)

$$B''' = \frac{1}{4}\left(1 - \frac{\nu_2}{2}\,\bar{a}_2 \right)^2 \left[6 - \left(1 - \frac{\nu_2}{2}\,\bar{a}_2 \right)^2 \right] p_2\,l. \qquad (94\,\text{d})$$

Dieselbe Beziehung folgt natürlich auch aus der dritten Gl. (89), wenn ν_1 durch ν_2 und $\bar{a}_1$ durch $\bar{a}_2$ ersetzt wird. Die Formel (94 d) gilt streng für $P_1 = P_2$; wenn $P_1 \gtneqq P_2$ ist, liefert sie etwas kleinere Werte als die Gl. (94 b), doch ist der Unterschied bedeutungslos. Er beträgt selbst für den äußersten Fall, daß $P_2 = 0$ wird, rund $2{,}5\,\%$ und fällt schon bei einem Verhältnis $P_1 = 4\,P_2$ auf $0{,}9\,\%$ ab. Bedenkt man, daß es sich hiebei nur um den aus der Verkehrsgleichlast herrührenden Teil des Auflagerdruckes handelt,

Tafel 6. *Querkräfte und Auflagerdrücke, Lastenzug II.*

| $\bar{a}_2$ | $\bar{m}=0$ | | | | | | | | | $\bar{m}=0,1$ | | | |
| | $D_1=D_1'=1,000$ | | für den negativen Auflagerdruck | | | | $D_4=0$ | | $D_1=0,875$ | | $D_4=0,125$ | |
	$D_2=D_2'$	$D_3=D_3'$	D_5''	D_6''	D_7''	D_8''	D_5	D_6	D_2	D_3	D_5	D_6
0,08	0,900	0,326	0,0028	0,0473	0,00001	0,00011	0	0,0625	0,776	0,248	0,025	0,0625
10	875	302	043	435	003	022	0	25	752	226	0	25
12	850	278	062	399	005	037	0	25	728	206	0	25
14	826	255	085	363	010	059	0	25	703	187	0	25
16	801	233	111	329	016	089	0	25	679	169	0	25
18	776	213	140	295	026	126	0	25	655	152	0	25
20	752	193	173	263	040	173	0	25	632	136	0	25
22	728	175	210	232	059	231	0	25	608	121	0	25
24	703	157	249	203	083	299	0	25	585	107	0	25
26	679	141	293	175	114	381	0	25	562	094	0	25
28	655	126	339	150	154	475	0	25	539	082	0	25
30	632	111	390	126	203	585	0	25	516	071	0	25

| $\bar{a}_2$ | $\bar{m}=0,2$ | | | | $\bar{m}=0,3$ | | | | $\bar{m}=0,4$ | | | |
| | $D_1=0,752$ | | $D_4=0,248$ | | $D_1=0,632$ | | $D_4=0,368$ | | $D_1=0,516$ | | $D_4=0,484$ | |
	D_2	D_3	D_5	D_6	D_2	D_3	D_5	D_6	D_2	D_3	D_5	D_6
0,08	0,655	0,180	0,150	0,067	0,539	0,126	0,272	0,083	0,428	0,082	0,392	0,111
10	632	163	125	64	516	112	248	77	406	71	368	101
12	608	146	100	63	494	098	224	71	385	61	345	093
14	585	131	075	25	471	086	199	68	364	51	321	085
16	562	116	050	25	449	074	174	65	344	43	297	079
18	539	103	025	25	428	063	150	63	324	35	272	073
20	516	090	0	25	406	054	125	625	304	29	248	069
22	494	078	0	25	385	046	100	25	285	23	224	066
24	471	067	0	25	364	038	075	25	266	18	199	064
26	449	057	0	25	344	031	050	25	247	13	174	063
28	428	049	0	25	324	025	025	25	229	09	150	625
30	406	040	0	25	304	019	0	25	211	06	125	625

| $\bar{a}_2$ | $\bar{m}=0,5$ | | | | $\bar{m}=0,6$ | | | | $\bar{m}=0,7$ | | | |
| | $D_1=0,406$ | | $D_4=0,594$ | | $D_1=0,304$ | | $D_4=0,696$ | | $D_1=0,211$ | | $D_4=0,789$ | |
	D_2	D_3	D_5	D_6	D_2	D_3	D_5	D_6	D_2	D_3	D_5	D_6
0,08	0,324	0,049	0,506	0,151	0,229	0,025	0,615	0,203	0,144	0,009	0,715	0,266
10	304	40	484	138	211	19	594	187	128	6	696	246
12	285	33	461	126	193	15	572	171	113	4	676	227
14	266	27	438	115	176	11	551	156	098	2	656	209
16	247	21	415	104	160	07	529	142	084	1	636	192
18	229	17	392	095	144	05	506	130	070	0	615	176
20	211	12	368	087	128	03	484	118	057	0	594	161
22	193	08	345	081	113	01	461	108	045	0	572	147
24	176	06	321	075	098	0	438	098	033	0	551	134
26	160	03	297	070	084	0	415	090	021	0	529	122
28	144	02	272	066	070	0	392	083	010	0	506	111
30	128	01	248	064	057	0	368	077	0	0	484	101

rtsetzung der Tafel 6.

$\bar{a}_2$	$\bar{m}=0,8$				$\bar{m}=0,85$				$\bar{m}=0,90$			
	$D_1=0,128$		$D_4=0,872$		$D_1=0,091$		$D_4=0,909$		$D_1=0,0573$		$D_4=0,943$	
	D_2	D_3	D_5	D_6	D_2	D_3	D_5	D_6	D_2	D_3	D_5	D_6
08	0,070	0,002	0,807	0,338	0,0386	0	0,848	0,378	0,0103	0	0,887	0,415
10	57	1	789	315	268	0	832	354	0	0	872	394
12	45	0	771	294	157	0	815	330	0	0	856	370
14	33	0	753	272	051	0	798	308	0	0	840	346
16	21	0	734	252	0	0	780	286	0	0	824	323
18	10	0	715	233	0	0	762	266	0	0	807	301
20	0	0	696	215	0	0	744	246	0	0	789	279
22	0	0	676	198	0	0	725	227	0	0	771	259
24	0	0	656	181	0	0	706	209	0	0	753	239
26	0	0	636	166	0	0	686	192	0	0	734	221
28	0	0	615	151	0	0	666	176	0	0	715	203
30	0	0	594	138	0	0	646	161	0	0	696	187

$\bar{a}_2$	$\bar{m}=0,95$				$\bar{m}=1,00$				für den Auflagerdruck	
	$D_1=0,0268$		$D_4=0,973$		$D_1=0,000$		$D_4=1,000$			
	D_2	D_3	D_5	D_6	D_2	D_3	D_5	D_6	D_7	D_8
08	0	0	0,923	0,463	0	0	0,955	0,509	0,0096	1,091
10	0	0	902	437	0	0	943	481	0150	1,051
12	0	0	894	411	0	0	930	454	0216	1,012
14	0	0	880	386	0	0	916	428	0294	0,973
16	0	0	864	362	0	0	902	403	0384	935
18	0	0	848	338	0	0	887	378	0486	896
20	0	0	832	315	0	0	872	354	0600	858
22	0	0	815	294	0	0	856	330	0726	820
24	0	0	798	272	0	0	840	308	0864	783
26	0	0	780	252	0	0	824	286	1014	746
28	0	0	762	233	0	0	807	266	1176	710
30	0	0	744	215	0	0	789	246	1350	675

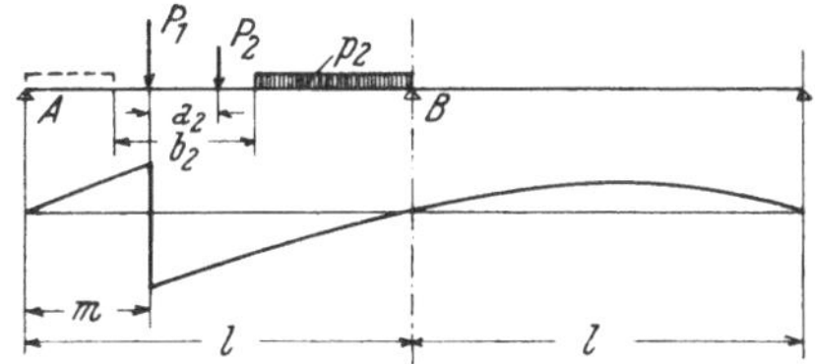

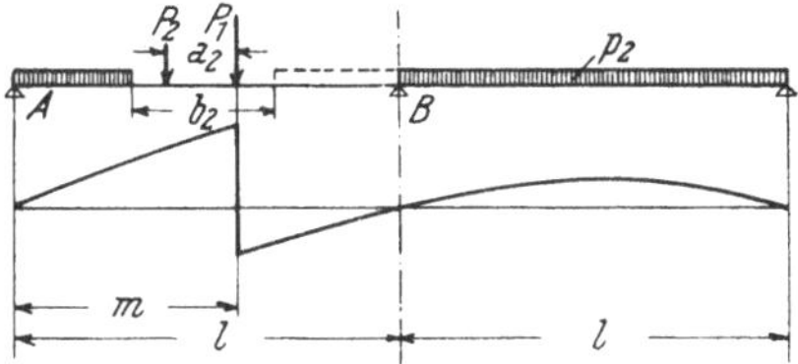

$$P_1 > P_2, \quad \bar{m} = \frac{m}{l}, \quad \bar{a}_2 = \frac{a_2}{l}, \quad b_2 = 2,00\,a_2, \quad \varrho_1 = \frac{P_1}{P_1 + P_2}, \quad \varrho_2 = \frac{P_2}{P_1 + P_2}$$

Positive Querkräfte:
$$Q^{(+)} = D_1 P_1 + D_2 P_2 + D_3 p_2 l$$

Negative Querkräfte:
$$Q^{(-)} = - D_4 P_1 - D_5 P_2 - D_6 p_2 l$$

Auflagerdruck an der Randstütze:
$$A = D_1' P_1 + D_2' P_2 + D_3' p_2 l$$
$$A = -\,(0{,}0962 - D_5'' \varrho_1 \varrho_2)\,(P_1 + P_2) -$$
$$D_6'' - D_7'' (\varrho_1 - \varrho_2) + D_8'' (\varrho_1 - \varrho_2)^2]\,p_2 l$$

Auflagerdruck an der Mittelstütze:
$$\max B = (1 - D_7 \varrho_1 \varrho_2)\,(P_1 + P_2) + D_8 p_2 l$$

4*

der bei den in Betracht kommenden Stützweiten wohl immer den kleinsten Beitrag liefern wird, so dürfen Abweichungen von derartiger Größenordnung ohne Bedenken hingenommen werden. Wir wollen daher nur die Ausdrücke (94 a) und (94 d) für die weitere Behandlung in Betracht ziehen. Mit diesen stellt sich somit der Auflagerdruck an der Mittelstütze in der folgenden Form dar:

$$B = (1 - D_7\,\varrho_1\,\varrho_2)\,(P_1 + P_2) + D_8\,p_2\,l \tag{95}$$

wobei die Beiwerte D die nachstehende Gestalt haben:

$$\left.\begin{aligned}
D_7 &= \frac{3}{2}\,\bar{a}_2{}^2 \\
D_8 &= \frac{1}{4}\left(1 - \frac{v_2}{2}\,\bar{a}_2\right)^2\left[6 - \left(1 - \frac{v_2}{2}\,\bar{a}_2\right)^2\right]
\end{aligned}\right\}. \tag{95a}$$

7. Tafel 6. Erläuterungen.

In der Tafel 6 sind die Beiwerte D mit den gleichen Intervallen wie bei den zugehörigen Momenten aus dem Lastenzuge II errechnet. Für v_2 wurde wie früher das normenmäßige Verhältnis $v_2 = \dfrac{6,00}{3,00} = 2,00$ gewählt, so daß die Beiwerte D_3, D_6, $D_3{}'$, $D_6{}''$, $D_7{}''$, $D_8{}''$, D_8 nur für dieses besondere Verhältnis gelten und für andere Werte desselben neu gerechnet werden müßten. Auf die Gültigkeitsgrenzen der einzelnen Formeln für die Querkräfte ist Rücksicht genommen.

Tafel 7. *Einfluß einer gleichmäßigen, ruhenden oder bewegten Last.*

$\bar{m}$	Biegungsmomente			Querkräfte		
	f_0	f_1	f_2	φ_0	φ_1	φ_2
0	0	0	0	+ 0,3750	+ 0,4375	— 0,0625
0,10	+ 0,0325	+ 0,0388	— 0,0063	+ 2750	+ 3437	— 0687
0,20	+ 0550	+ 675	— 0125	+ 1750	+ 2624	— 0874
0,30	+ 0675	+ 863	— 0188	+ 0750	+ 1932	— 1182
0,40	+ 0700	+ 950	— 0250	— 0250	+ 1359	— 1609
0,435	+ 0685	+ 957	— 0272	— 0600	+ 1185	— 1785
0,50	+ 0625	+ 937	— 0313	— 1250	+ 0898	— 2148
0,60	+ 0450	+ 825	— 0375	— 2250	+ 0544	— 2794
0,70	+ 0175	+ 613	— 0438	— 3250	+ 0287	— 3537
0,80	— 0200	+ 300	— 0500	— 4250	+ 0119	— 4369
0,85	— 0425	+ 152	— 0577	— 4750	+ 0064	— 4814
0,90	— 0675	+ 061	— 0736	— 5250	+ 0027	— 5277
0,95	— 0950	+ 014	— 0964	— 5750	+ 0007	— 5757
1,00	— 1250	0	— 1250	— 6250	0	— 6250

Momente: $\quad \max M = (f_0\,g + f_1\,p)\,l^2 \qquad \min M = (f_0\,g + f_2\,p)\,l^2$

Querkräfte: $\max Q = (\varphi_0\,g + \varphi_1\,p)\,l \qquad \min Q = (\varphi_0\,g + \varphi_2\,p)\,l$

Auflagerdrücke: Rand: $\max A = (0,375\,g + 0,4375\,p)\,l$

$\qquad\qquad\qquad\quad \min A = (0,375\,g - 0,0625\,p)\,l$

$\qquad\qquad$ Stütze: $\max B = 1,25\,(g + p)\,l$

8. Tafel 7. Erläuterungen.

Den bisherigen Tafeln 1 bis 6 wurde der Vollständigkeit wegen eine Tafel 7 angefügt, die in bekannter Weise zur Bestimmung des Einflusses einer gleichmäßigen, ruhenden oder bewegten Last dient.

III. Die Berücksichtigung einer Querschnittsveränderung an der Mittelstütze.

A. Momente.

1. Allgemeines.

Im nachstehenden wird ein Verfahren entwickelt, mit dessen Hilfe man bei Verwendung der bisherigen Formeln und Tabellen auch den Einfluß einer Querschnittsverstärkung über der Mittelstütze (Voute) in der bei Stahlbetonbauwerken üblichen Art mit genügender Genauigkeit berücksichtigen kann, so daß auch für diese Fälle die Auswertung besonders gezeichneter Einflußlinien vermeidbar ist.

Wir gehen hiebei von folgenden Überlegungen aus: Die Summe aller Momente, die für die Querschnittsbemessung in Betracht kommen, zerfällt in zwei Gruppen: in eine solche aus dem Eigengewicht und in jene aus den Verkehrsbelastungen. Beide Gruppen müssen nicht nur wegen der Belastungsart, sondern auch wegen der Berücksichtigung des dynamischen Beiwertes bei den Verkehrslasten voneinander getrennt ermittelt werden. Aus diesem letzteren Grunde wird auch die an zweiter Stelle genannte Gruppe selbst sich in der Regel aus einer Reihe von Einzelermittlungen zusammensetzen, entsprechend den in der Breitenerstreckung der Brücke Platz findenden Belastungsbändern.

Das Eigengewicht wird im allgemeinen immer als gleichmäßig verteilte Last in Rechnung gestellt werden können, so daß für alle Balkenquerschnitte die Vollbelastung über die ganze Trägerlänge maßgebend ist. Die geringe Abweichung, wie sie gerade die Voutenanordnung mit sich bringt, bedingt keine wesentliche Abweichung davon; zumindest ist deren Einfluß, weil sich ihr Gewicht in der Nähe der Stütze konzentriert, sehr klein.

Anders verhält es sich mit der Verkehrslast. Wir haben hier gesehen, daß für einen Träger mit gleichbleibendem Trägheitsmoment in den Querschnitten von $m = 0$ bis $m = 0,8\,l$ für die größten positiven oder negativen Momente eine halbseitige Vollbelastung maßgebend ist, wobei hier unter dem Begriff „halbseitige Vollbelastung", der, streng genommen, nach dem üblichen Sprachgebrauche nur für eine stetige Belastung gilt, sinngemäß eine solche Belastungsart gedacht ist, bei welcher der unstetige Lastenzug von Nullpunkt zu Nullpunkt der Einflußlinie reicht. Wir halten ferner fest, daß in dem Gebiete von $m = 0,8\,l$ bis $m = l$ zu der bisherigen negativen Einflußfläche des einen Feldes noch eine weitere negative Einflußfläche von wechselnder Länge im anderen Feld hinzutritt, die für das Stützenmoment das ganze zweite Feld umfaßt.

2. Verhältnis der Stützenmomente mit und ohne Berücksichtigung der Vouten.

Wir wollen diese Verhältnisse zunächst einmal unter der vorübergehenden Voraussetzung betrachten, daß auch die Verkehrslast aus einem gleichmäßig verteilten Belastungsband besteht.

Hiebei spielt das Verhältnis des Stützenmomentes, das man bei Berücksichtigung der Voute erhält (M'), zu jenem, das sich für den Träger mit gleichbleibendem Querschnitt ergibt (M), eine besondere Rolle. Wir wollen es allgemein mit

$$\mu_0 = \frac{M'}{M} \tag{96}$$

bezeichnen. Dieses Verhältnis ist nicht nur von der Form und Größe der Voute, sondern vielmehr auch von der Laststellung abhängig. Es ist notwendig, darauf näher einzugehen.

Das Stützenmoment in einem Zweifeldbalken mit gleichbleibendem Querschnitt ist durch den Ausdruck:

$$M = - \frac{\varphi_l + \varphi_r}{2\,\tau} \tag{97}$$

gegeben, worin φ_l und φ_r die Endverdrehungswinkel der Trägerachse an der Mittelstütze im linken und rechten Feld für die gegebene Belastung im statisch bestimmt gelagerten Balken und τ die wegen der Symmetrie links und rechts gleichen Verdrehungswinkel aus dem Hilfsangriff $M = 1$ darstellen. Sinngemäß gilt dann für den Träger mit einer Voutenanordnung:

$$M' = - \frac{\varphi_l' + \varphi_r'}{2\,\tau'} \tag{97 a}$$

und das Verhältnis beider ist:

$$\mu_0 = \frac{\varphi_l' + \varphi_r'}{\varphi_l + \varphi_r} \cdot \frac{\tau}{\tau'}. \tag{98}$$

Man ersieht aus dieser Beziehung sofort, daß für Vollbelastung und halbseitige Belastung der gleiche Wert μ_0 entspringt, den wir für diese Laststellungen mit μ bezeichnen wollen. Im ersteren Falle ist wegen der Symmetrie des Tragwerkes $\varphi_l = \varphi_r$ und $\varphi_l' = \varphi_r'$. Damit wird:

$$\mu = \frac{\varphi_l'}{\varphi_l} \cdot \frac{\tau}{\tau'} \tag{98 a}$$

und im letzteren Falle erhalten wir, da die Endverdrehungswinkel aus der gegebenen Belastung in einer Balkenhälfte verschwinden, das gleiche Ergebnis.

Um für andere Belastungsfälle den Verlauf der μ-Werte festzustellen, ist es notwendig, ein Gesetz für die Veränderlichkeit des Trägheitsmomentes anzunehmen. Wir wählen zu diesem Zwecke einen Träger mit einer Voutenlänge gleich der Feldweite und einem von 0 am Endauflager bis zu einem endlichen Wert J_s an der Stütze linear verlaufenden Trägheitsmoment. Es entspricht dies einem im Grundriß rhombenförmigen Durchlaufträger von gleichbleibender Höhe (s. Abb. 28a und b).

Für den späteren Bedarf kommen nur die beiden in Abb. 28c und e dargestellten Belastungsfälle in Betracht. Wir werden dies weiter unten noch besonders ausführen. Die getroffenen Annahmen gestatten die Gl. (98) für diese beiden Fälle analytisch auszuwerten. Man erhält für die Belastung nach Abb. 28c

$$\mu_1 = \frac{4}{3} \, \frac{1 + 3\,\overline{m}^2 - 2\,\overline{m}^3}{1 + 2\,\overline{m}^2 - \overline{m}^4} \tag{98 b}$$

und für jene nach Abb. 28e

$$\mu_2 = \frac{4}{3} \, \frac{1 - 3\,\overline{m}^2 + 2\,\overline{m}^3}{(1 - \overline{m}^2)^2}, \tag{98 c}$$

wobei $\overline{m} = \dfrac{m}{l}$ den Ort angibt, bis zu welchem das Belastungsband reicht. Der Verlauf dieser Werte ist in Abb. 28d dargestellt. Die Endwerte für $m = 0$ und $m = l$ sind für Gl. (98b) ... $\mu = \dfrac{4}{3}$ und entsprechen der halbseitigen und der Vollbelastung; bei Gl. (98c) sind die analogen Werte $\mu = \dfrac{4}{3}$ und $\mu = 1,00$. Die Abb. 28d ist maßstabrichtig gezeichnet, man erkennt, daß der Verlauf der veränderlichen Werte μ_1 und μ_2 recht flach ist. Das gilt wohl nur für den angenommenen Träger, wird jedoch auch bei anderen Voutenformen und -größen nicht viel anders sein. Für die praktische Berücksichtigung des Vouteneinflusses wäre jedenfalls die Bestimmung des μ-Wertes nach Gl. (98), die für jede Laststellung besonders erfolgen müßte, eine sehr umständliche und langwierige Aufgabe. Wir können sie im Hinblick darauf, daß es sich hier nur um eine Näherung handelt, dadurch vermeiden, daß wir die Kurven der μ-Werte durch Gerade ersetzen. Im vorliegenden Falle ergibt dies bei μ_1 eine größte Abweichung von etwa

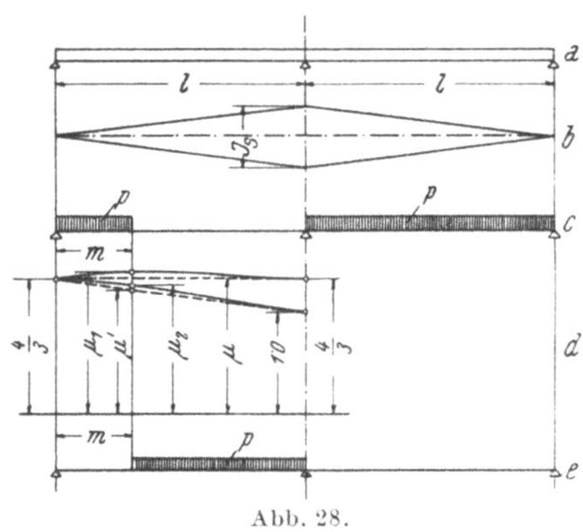

Abb. 28.

4,5%, die in der Nähe von $m = 0,4\,l$ auftritt. Bei μ_2 ist der Unterschied noch kleiner und beträgt nur etwa 2%. Die Einführung der Geraden erlaubt uns, die Gl. (98) in folgender Weise festzuhalten:

Für Vollbelastung oder halbseitige Belastung erhalten wir ein Verhältnis der Stützenmomente mit und ohne Berücksichtigung der Voute von der Größe μ. Dieses Verhältnis bleibt gleich für alle Laststellungen nach Art der Abb. 28 c. Nun ist aber die Vollbelastung maßgebend für alle Momente und Querkräfte aus dem Eigengewicht, ferner für den größten Auflagerdruck an der Mittelstütze; die halbseitige Belastung für alle positiven und negativen Feldmomente bis $m = 0,8\,l$ und die negativen Auflagerdrücke, die Belastungsart nach Abb. 28 c für die negativen Momente zwischen $m = 0,8\,l$ und $m = l$ und überdies für die negativen Querkräfte. Für alle diese statischen Größen braucht somit nach der von uns eben getroffenen Festsetzung nur mit dem Wert μ allein gerechnet zu werden. Die nur für einen Träger mit unveränderlichem Querschnitt gültige Grenzfestsetzung von $m = 0,8\,l$ werden wir später noch einer Änderung unterziehen.

Für die positiven Momente im Bereiche $m = 0,8\,l$ bis $m = 1,0\,l$, die positiven Querkräfte und den größten Auflagerdruck an der Randstütze kommt die Belastungsart nach Abb. 28 e in Betracht. Für diese wird die Gl. (98 c) durch eine Gerade von der Form

$$\mu' = \mu\,(1 - \overline{m}) + \overline{m} \tag{99}$$

ersetzt.

3. Verschiedene Voutenformen.

Man ersieht daher aus dem Vorhergesagten, daß man bei allen für die Bemessung erforderlichen Größen mit einem einzigen μ-Wert, dem für Vollbelastung (oder halbseitige Belastung), das Auslangen findet. Er ist jetzt nur mehr von der Form und den Abmessungen der Voute abhängig. Seine Ermittlung erfolgt nach Gl. (98 a). Wir wollen zunächst diese für drei verschiedene Voutenformen durchführen, und zwar:

a) geradlinige Vouten nach Abb. 29 a,

b) parabelförmige Vouten nach Abb. 29 b,

c) waagrechte Vouten nach Abb. 29 c.

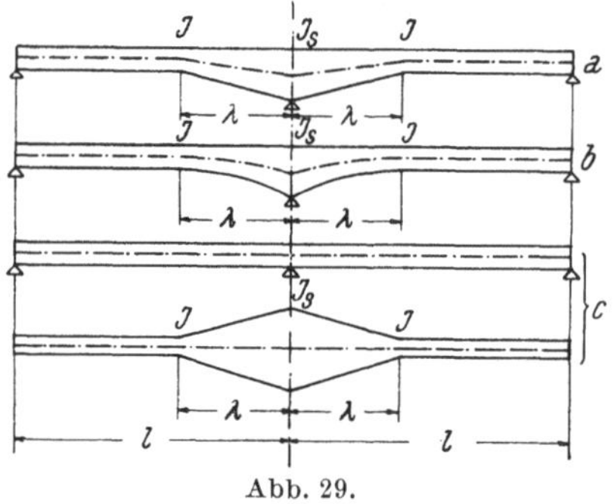

Abb. 29.

In allen drei Fällen bedeutet:

$$n = \frac{J}{J_s} \ldots \text{das Verhältnis des Trägheitsmomentes am Beginn der Voute zu jenem an der Mittelstütze,}$$

$$\overline{\lambda} = \frac{\lambda}{l} \ldots \text{das Verhältnis der Voutenlänge zur Stützweite.}$$

Für geradlinige und parabelförmige Vouten hat DISCHINGER[1] die Verdrehungswinkel φ' und τ' in Abhängigkeit von n und $\overline{\lambda}$ angegeben. Mit den dort enthaltenen Zahlenwerten c_2 und k_2 ergeben sich:

---

[1] Taschenbuch für Bauingenieure, 1943, S. 1390—1393.

$$\varphi' = p \frac{l^3}{EJ} k_2 \quad \text{und} \quad \tau' = \frac{l}{EJ} c_2 , \tag{100}$$

die für $n = 1$ übergehen in:

$$\varphi = p \frac{l^3}{24\,EJ} \quad \text{und} \quad \tau = \frac{l}{3\,EJ} . \tag{100a}$$

Damit wird aus Gl. (98a):

$$\mu = 8 \frac{k_2}{c_2} . \tag{101}$$

Die auf diese Weise ermittelten μ-Werte sind in der Tafel 8 für geradlinige und in der Tafel 9 für parabelförmige Vouten enthalten.

Für die heute aus architektonischen Gründen häufig angeordnete waagrechte Voute (Fall c) läßt sich die Gl. (98a) in geschlossener Form darstellen. Bezeichnet man allgemein das veränderliche Trägheitsmoment mit J_x, die Momente des einfachen Balkens aus der Vollbelastung mit

$$\mathfrak{M}_p = \frac{p\,x}{2} (l - x)$$

und jene aus dem Hilfsangriff: Stützenmoment — eins mit

$$\mathfrak{M} = \frac{x}{l} ,$$

so wird:

$$\varphi' = \frac{p}{2\,l\,E} \left(l \int_0^l \frac{x^2}{J_x} d\,x - \int_0^l \frac{x^3}{J_x} d\,x \right) \tag{102}$$

und

$$\tau' = \frac{1}{l^2\,E} \int_0^l \frac{x^2}{J_x} d\,x . \tag{102a}$$

In Verbindung mit φ und τ aus Gl. (100a) entsteht damit aus Gl. (98a):

$$\mu = \frac{4}{l} \left(l - \frac{\int_0^l \frac{x^3}{J_x} d\,x}{\int_0^l \frac{x^2}{J_x} d\,x} \right) . \tag{103}$$

Führt man darin für das veränderliche Trägheitsmoment J_x, entsprechend der Abb. 29c, das Gesetz:

$$J_x = J \quad \text{für} \quad x = 0 \ \text{bis} \ x = l - \lambda \tag{104}$$

und den linearen Verlauf:

$$J_x = J_s - \frac{l - x}{\lambda} (J_s - J) \quad \text{für} \quad x = l - \lambda \ \text{bis} \ x = l \tag{104a}$$

Tafel 8. *Verhältnis μ der Stützenmomente mit und ohne Berücksich-*

$\bar{\lambda}$ \ n	0,020	0,030	0,040	0,050	0,060	0,080	0,100
0,50	2,019	1,932	1,862	1,807	1,776	1,689	1,624
40	1,876	814	761	723	688	626	580
30	691	649	618	587	560	520	485
20	475	452	431	415	401	375	351
10	245	232	224	218	210	198	189
05	122	119	115	111	107	101	098

Tafel 9. *Verhältnis μ der Stützenmomente mit und ohne Berücksichtigung*

$\bar{\lambda}$ \ n	0,020	0,030	0,040	0,050	0,060	0,080	0,100
0,50	1,794	1,732	1,682	1,644	1,610	1,551	1,507
40	676	626	587	555	527	486	446
30	531	494	466	446	424	392	366
20	367	346	328	311	301	278	261
10	188	179	172	163	156	147	140
05	096	090	086	082	079	076	072

Tafel 10. *Verhältnis μ der Stützenmomente mit und ohne Berücksichti-*
linear verlaufendem

$\bar{\lambda}$ \ n	0,020	0,030	0,040	0,050	0,060	0,080	0,100
0,50	2,166	2,065	1,984	1,890	1,858	1,764	1,690
40	2,001	1,934	878	813	785	712	651
30	1,783	742	705	665	645	594	551
20	536	513	492	471	457	427	400
10	273	263	254	245	239	225	213
05	137	133	129	136	121	115	109

ein, so erhält man:

$$\mu = \frac{1 - \bar{\lambda}^2 f_1(\bar{\lambda}, n)}{1 - \bar{\lambda} f_2(\bar{\lambda}, n)}, \tag{105}$$

worin die Hilfswerte $f_1(\bar{\lambda}, n)$ und $f_2(\bar{\lambda}, n)$ durch die folgenden Ausdrücke gegeben sind:

$$\begin{aligned}
f_1(\bar{\lambda}, n) &= 6 - 8\bar{\lambda} + 3\bar{\lambda}^2 + \frac{12\,n}{(1-n)^2}\left\{\left(1 - \frac{\bar{\lambda}}{1-n}\right)^2 \ln n + \right. \\
&\left. + \frac{1}{1-n}\left[(1-n)^2 - \bar{\lambda}(3 - 4n + n^2) + \frac{1}{6}\bar{\lambda}^2(11 - 7n + 2n^2)\right]\right\} \\
f_2(\bar{\lambda}, n) &= 3 - 3\bar{\lambda} + \bar{\lambda}^2 + \\
&+ \frac{3\,n}{1-n}\left\{\left(1 - \frac{\bar{\lambda}}{1-n}\right)^2 \ln n - 2\bar{\lambda} + \frac{1}{2}\bar{\lambda}^2\frac{3-n}{1-n}\right\}
\end{aligned} \tag{105a}$$

Die nach diesen Formeln errechneten μ-Werte sind in der Tafel 10 enthalten.

tigung der Voute bei voller oder halbseitiger Belastung für gerade Vouten.

0,125	0,150	0,200	0,300	0,400	0,600	0,800	1,000
1,565	1,512	1,433	1,320	1,240	1,131	1,055	1,000
529	485	413	309	234	130	055	1,000
446	414	359	275	211	119	053	1,000
328	308	271	211	168	096	043	1,000
179	166	148	119	096	057	026	1,000
092	095	085	069	056	034	016	1,000

der Voute bei voller oder halbseitiger Belastung für parabelförmige Vouten.

0,125	0,150	0,200	0,300	0,400	0.600	0,800	1,000
1,464	1,440	1,362	1,272	1,209	1,115	1,050	1,000
412	379	326	247	191	108	046	1,000
338	312	273	209	164	094	041	1,000
242	227	200	156	122	072	033	1,000
129	122	106	087	067	041	019	1,000
067	062	055	046	036	024	009	1,000

qung der Voute bei voller oder halbseitiger Belastung für Vouten mit Trägheitsmoment.

0,125	0,150	0,200	0,300	0,400	0,600	0,800	1,000
1,615	1,544	1,462	1,333	1,246	1,132	1,056	1,000
591	529	452	332	247	134	058	1,000
504	461	398	298	226	124	054	1,000
371	344	301	230	179	101	044	1,000
200	188	166	131	103	060	027	1,000
103	097	086	069	055	032	015	1,000

Nach diesen Erörterungen kann darangegangen werden, den Einfluß der Vouten bei den verschiedenen Belastungsfällen zu untersuchen.

4. Momente aus der Vollbelastung beider Trägerfelder (Eigengewichtsbelastung).

Wir ermitteln die Momente zuerst unter der Annahme eines unveränderlichen Querschnittes und bezeichnen sie an der beliebigen Stelle m mit M_{gm}, das Stützenmoment mit M_{gs} (s. Abb. 30). Die analogen Werte bei Berücksichtigung der Voute lauten M_{gm}' und M_{gs}'. Zwischen M_{gs} und M_{gs}' besteht der Zusammenhang:

$$\mu = \frac{M_{gs}'}{M_{gs}}. \tag{106}$$

Die Momente des einfachen Balkens ($\mathfrak{M}_{gm}$) bleiben natürlich immer dieselben. Die Änderung des Stützenmomentes hat auch eine Änderung der Feldmomente (M_{gm}) zur Folge, sie ist aus der Abb. 30 leicht ablesbar und beträgt für den beliebigen Balkenquerschnitt m:

$$\Delta M_{gm} = (\mu - 1)\,\frac{m}{l}\,M_{gs}\,, \tag{107}$$

so daß jetzt das Moment bei Berücksichtigung der Voutenwirkung (M_{gm}') ausgedrückt ist durch:

$$M_{gm}' = M_{gm} + (\mu - 1)\,\overline{m}\,M_{gs}\,, \tag{108}$$

worin $\overline{m}$ wie früher das Verhältnis $\dfrac{m}{l}$ bedeutet und die Momente M_{gm} und M_{gs}, die in der obigen Beziehung als positiv in Rechnung gestellt wurden, mit ihrem Vorzeichen einzusetzen sind.

Nun gilt für Vollbelastung:

$$\left.\begin{aligned} M_{gs} &= -\frac{g\,l^2}{8} \\[2mm] M_{gm} &= \frac{g\,l^2}{8}\,\overline{m}\,(3 - 4\,\overline{m}) \end{aligned}\right\}. \tag{109}$$

So daß wir das Stützenmoment durch das Feldmoment ausdrücken können:

$$M_{gs} = -\frac{M_{gm}}{\overline{m}\,(3 - 4\,\overline{m})}\,. \tag{110}$$

Verwenden wir diesen Zusammenhang in der Gl. (108), so erhalten wir:

$$M_{gm}' = M_{gm}\left(1 - \frac{\mu - 1}{3 - 4\,\overline{m}}\right). \tag{111}$$

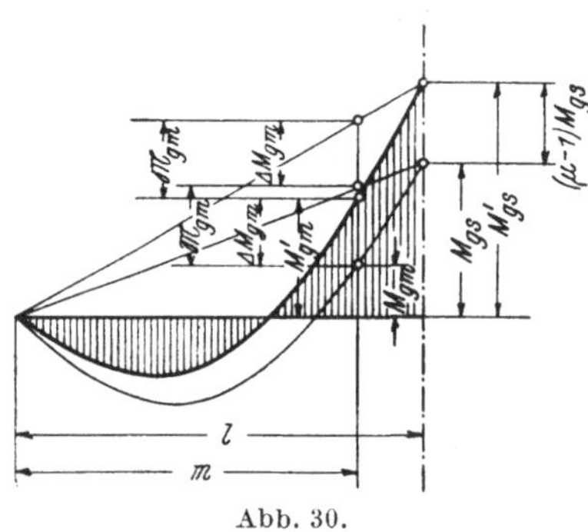

Abb. 30.

Damit können die Momente aus dem Eigengewicht des über der Stütze verstärkten Trägers aus jenen des Trägers mit gleichbleibendem Querschnitt abgeleitet werden. Die Werte M_{gm} wird man hiebei der Tafel 7 entnehmen. Will man dieses vermeiden und die Momente unmittelbar durch die Belastung g ausdrücken, so braucht nur die zweite Gl. (109) in dem vorhergehenden Ausdruck verwendet zu werden. Man erhält dann:

$$M_{gm}' = \frac{g\,l^2}{8}\,\overline{m}\,[4\,(1 - \overline{m}) - \mu]\,. \tag{111 a}$$

5. Positive Feldmomente bei halbseitiger Vollbelastung.

Wie wir bereits bei den verschiedenen Formen der Einflußlinien (Abb. 13) gesehen haben, liefert eine halbseitige Vollbelastung die größten positiven und negativen Feldmomente für den Bereich $\overline{m} = 0$ bis $\overline{m} = 0{,}8$. Dies gilt jedoch nur unter der Voraussetzung unveränderlichen Quer-

schnitts. Die Anordnung einer Voute wird die an zweiter Stelle genannte
Grenze verschieben. Die Verschiebung wird um so größer sein, je stärker
der Einfluß der Voute, je größer also diese selbst ist.

Um einen Anhaltspunkt zu erhalten, wie groß diese Verschiebung
werden kann, ziehen wir für eine Vergleichsrechnung den in Abb. 28a
und b dargestellten, im Grundriß rhombenförmigen Träger noch einmal
heran. Für eine solche Querschnittsveränderlichkeit ergibt sich die Einflußlinie für das Stützenmoment mit folgendem Ausdruck:

$$M_s = -\frac{1}{2}\,\frac{x}{l}\,(l-x)\,, \tag{112}$$

damit erhält der erste Ast der positiven Einflußfläche für ein Moment
an beliebiger Stelle m, analog zu Gl. (27a), die Form:

$$M = \frac{x}{2\,l^2}\,(2\,l^2 + m\,x - 3\,m\,l)\,.$$

Aus ihr entsteht nach

$$\frac{dM}{dx} = \frac{1}{2\,l^2}\,(2\,l^2 + 2\,m\,x - 3\,m\,l) = 0$$

für $x = 0$ die Bedingungsgleichung

$$2\,l - 3\,m = 0\,,$$

aus welcher mit

$$m = \frac{2}{3}\,l = 0{,}667\,l \tag{112a}$$

die Grenze jenes Bereiches entspringt, bis zu welchem die Vollbelastung
eines Feldes allein für die Bestimmung der positiven Feldmomente maßgebend ist. Bei größeren Werten von m ist für das positive Feldmoment

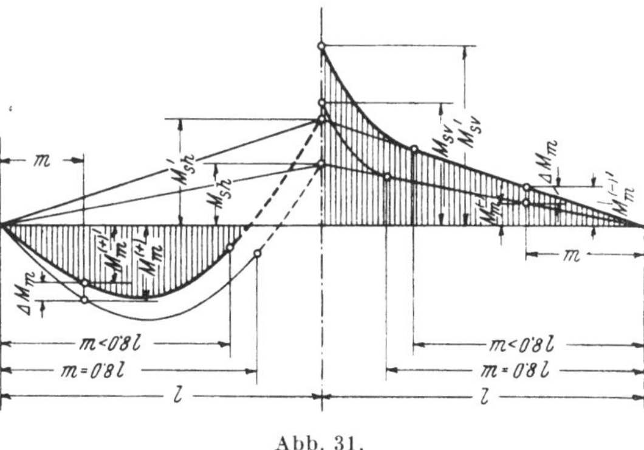

Abb. 31.

nicht mehr das ganze Feld zu belasten, sondern nur ein Teil desselben.
Da die Verschiebung, die in dem vorliegenden Falle gegenüber einem Träger
mit konstantem Querschnitt $0{,}8\,l - 0{,}667\,l = 0{,}133\,l$ beträgt, recht groß
ist, muß auf diese Verhältnisse näher eingegangen werden. Wir wollen
zunächst die für den angenommenen Sonderfall gefundene Grenze von

$m = 0{,}667\, l$ als maßgebend für die Belastungsart betrachten. Für alle Querschnitte links davon reicht die Belastung über das ganze Feld.

Die für diesen Belastungsfall aus der Berechnung mit konstantem Querschnitt herrührenden positiven Momente an beliebiger Stelle m seien mit $M_m^{(+)}$, jene, die sich bei Berücksichtigung der Voute ergeben, mit $M_m^{(+)\prime}$ bezeichnet. Für das Stützenmoment gelte sinngemäß M_{sh} und M_{sh}' (s. Abb. 31), wobei der Zeiger h zum Ausdruck bringen soll, daß es sich um eine halbseitige Vollbelastung handelt. Die durch die Voutenanordnung bewirkte Änderung der Momente M_m läßt sich wie unter 4 durch die Gl. (107) ausdrücken. Es gilt demnach:

$$\Delta M_m = (\mu - 1)\frac{m}{l}\, M_{sh} \tag{113a}$$

und ebenso:

$$M_m^{(+)\prime} = M_m^{(+)} + (\mu - 1)\,\overline{m}\, M_{sh}\,. \tag{114a}$$

Diesen Ausdruck formen wir wieder so um, daß wir die zwischen dem Feldmoment und dem zugehörigen Stützenmoment vorhandenen Beziehungen verwenden. Es gilt bei halbseitiger Vollbelastung:

$$\left.\begin{aligned} M_{sh} &= -\frac{p\,l^2}{16}\\[2mm] M_m &= \frac{p\,l^2}{16}\,\overline{m}\,(7 - 8\,\overline{m}) \end{aligned}\right\}. \tag{115}$$

Damit können wir das Stützenmoment durch das Feldmoment ausdrücken. Es ergibt sich:

$$M_{sh} = \frac{M_m^{(+)}}{\overline{m}\,(8\,\overline{m} - 7)}\,. \tag{116}$$

Die Einführung dieses Wertes in die Gl. (114a) liefert:

$$\left.\begin{aligned} M_m^{(+)\prime} &= M_m^{(+)}\,[1 - (\mu - 1)\,Z_1']\\[2mm] Z_1' &= \frac{1}{7 - 8\,\overline{m}} \end{aligned}\right\}. \qquad . \tag{117a}$$

Über den Gültigkeitsbereich der Formel (117a) wird jetzt nur so viel gesagt, daß er bei einem Träger mit konstantem Querschnitt von $\overline{m} = 0$ bis $\overline{m} = 0{,}8$ und für einen Träger nach Art der Abb. 28 von $\overline{m} = 0$ bis $\overline{m} = 0{,}667$ reicht.

6. Positive Feldmomente bei teilweiser Belastung eines Feldes.

Eine solche Belastungsart kommt dann in Betracht, wenn die Einflußlinie eines Feldmomentes innerhalb eines Feldes positive und negative Teilflächen aufweist (s. Abb. 32). Für einen Träger mit konstantem Querschnitt wird dies erst bei $\overline{m} = 0{,}8$, für einen Träger mit über der Stütze verstärktem Querschnitt aber schon früher eintreten. Bezeichnen wir wieder mit $M_m^{(+)}$ und $M_m^{(+)\prime}$ die positiven Feldmomente mit und ohne

Berücksichtigung der Voute, mit M_s und $M_s{}'$ die zugehörigen Stützenmomente, so gilt zunächst für die durch die Anordnung einer Voute bewirkte Momentenänderung wieder die Gl. (107):

$$\varDelta M = (\mu' - 1)\,\frac{m}{l}\,M_s \qquad\qquad (113\,\mathrm{b})$$

mit dem Unterschiede, daß wir an Stelle von μ den für diese Belastungsart maßgebenden Wert μ' nach Gl. (99) setzen müssen. Ebenso ist

$$M_m^{(+)\prime} = M_m^{(+)} + (\mu' - 1)\,\overline{m}\,M_s\,. \qquad\qquad (114\,\mathrm{b})$$

Für das Verhältnis von M_s zu $M_m^{(+)}$ dürfen wir jedoch nicht mehr die Gl. (115) heranziehen, die nur für halbseitige Vollbelastung und einen Träger mit unveränderlichem Querschnitt gilt und für einen solchen Träger die angenommene Belastungsart erst bei Querschnitten zwischen $\overline{m} = 0{,}8$ und $\overline{m} = 1{,}0$ auftritt. Wir müssen hier, um zu einer Beziehung zwischen dem Feldmoment und dem zugehörigen Stützenmoment zu gelangen, einen Träger mit veränderlichem Trägheitsmoment wählen und greifen zu diesem Zwecke wieder auf den in Abb. 28 dargestellten, im Grundriß rhombenförmigen Träger zurück.

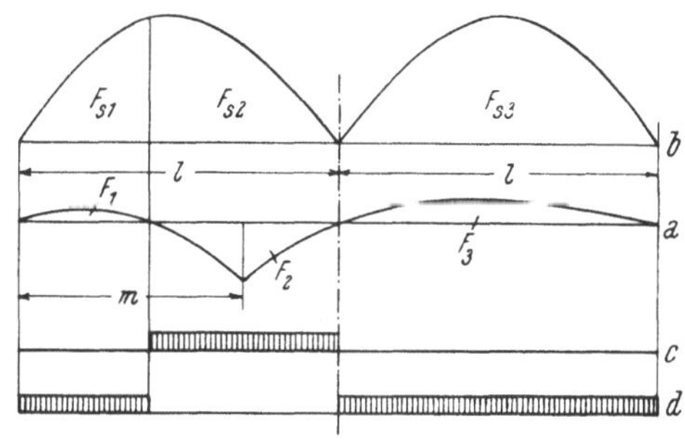

Abb. 32.

Mit Hilfe der schon in Pkt. 5 angeführten Gl. (112) des Stützenmomentes für diesen Träger ergeben sich für die Einflußflächen eines Feldmomentes (s. Abb. 32a) folgende Werte:

$$\left.\begin{aligned}
F_1 &= -\frac{l^2}{12\,\overline{m}^2}\,(3\,\overline{m} - 2)^3\\[4pt]
F_2 &= \frac{l^2}{12}\,\overline{m}\,(5 - 6\,\overline{m}) + \frac{l^2}{12\,\overline{m}^2}\,(3\,\overline{m} - 2)^3\\[4pt]
F_3 &= -\frac{l^2}{12}\,\overline{m}
\end{aligned}\right\}. \qquad (118)$$

Die zu diesen einzelnen Teilflächen gehörigen Stützenmomente sind (s. Abb. 32b):

$$\left.\begin{aligned}
F_{s1} &= -\frac{l^2}{12\,\overline{m}^3}\,(16 - 60\,\overline{m} + 72\,\overline{m}^2 - 27\,\overline{m}^3)\\[4pt]
F_{s2} &= -\frac{l^2}{3\,\overline{m}^3}\,(-4 + 15\,\overline{m} - 18\,\overline{m}^2 + 7\,\overline{m}^3)\\[4pt]
F_{s3} &= -\frac{l^2}{12}
\end{aligned}\right\}. \qquad (119)$$

Daraus ergibt sich für den in Abb. 32c dargestellten Belastungsfall:

$$\frac{M_s}{M_m^{(+)}} = \frac{F'_{s\,2}}{F_2} = -\frac{4}{\overline{m}}\ \frac{4 - 15\,\overline{m} + 18\,\overline{m}^2 - 7\,\overline{m}^3}{\overline{m}^3\,(6\,\overline{m} - 5) + (2 - 3\,\overline{m})^3}.$$

Setzen wir diesen Wert in die Gl. (114b) ein und verwenden wir für μ' die Gl. (99), so erhalten wir:

$$\left.\begin{aligned}M_m^{(+)\prime} &= M_m^{(+)}[1 - (\mu - 1)\,Z_1''] \\ Z_1'' &= 4\,(1 - \overline{m})\,\frac{4 - 15\,\overline{m} + 18\,\overline{m}^2 - 7\,\overline{m}^3}{\overline{m}^3\,(6\,\overline{m} - 5) + (2 - 3\,\overline{m})^3}\end{aligned}\right\}. \tag{117b}$$

Diese Beziehung gilt entsprechend der angenommenen Trägerform von $\overline{m} = 2/3 = 0{,}667$ ab [s. Gl. (112a)] bis $\overline{m} = 1{,}0$. Vergleicht man die beiden Hilfswerte Z_1' und Z_1'' miteinander, so erhält man den in Abb. 33 dargestellten Verlauf. In dem kritischen Bereiche zwischen etwa $\overline{m} = 0{,}5$ und $\overline{m} = 0{,}8$ klaffen die beiden Linien weit auseinander. Je geringer der

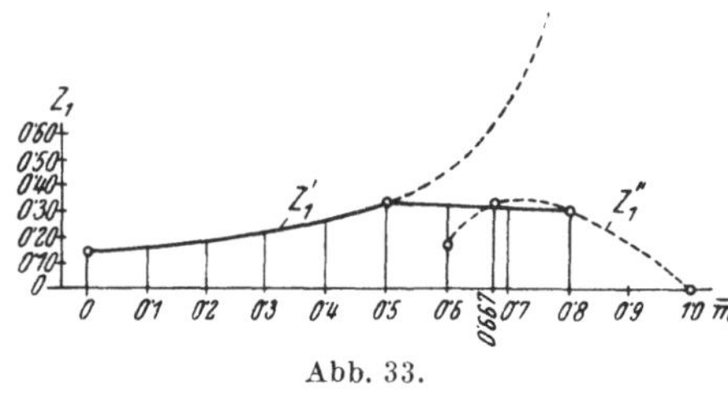

Abb. 33.

Einfluß der Voute ist, um so mehr ist die Linie der Z_1', je größer dieser Einfluß ist, um so mehr ist Z_1'' maßgebend. Die Werte Z_1' oder Z_1'' bilden ein Maß für die durch die Voutenanordnung bewirkte Verkleinerung des Feldmomentes. Wir bewegen uns auf der sicheren Seite, wenn wir dieses Maß klein halten, und wollen uns von der Unsicherheit in der Wahl von Z_1' oder Z_1'' in dem Bereiche zwischen $\overline{m} = 0{,}5$ und $\overline{m} = 0{,}8$ dadurch frei machen, daß wir zwischen dem Wert $Z_1' = 0{,}333$ bei $\overline{m} = 0{,}5$ und $Z_1'' = 0{,}309$ bei $\overline{m} = 0{,}8$ eine Gerade einlegen. Wir können dann für das Feldmoment einheitlich den Ausdruck festhalten:

$$\underline{M_m^{(+)\prime} = M_m^{(+)}\,[1 - (\mu - 1)\,Z_1]}, \tag{120}$$

wobei Z_1 der folgenden Zusammenstellung zu entnehmen ist:

$\overline{m}$	0	0,1	0,2	0,3	0,4	0,435	0,5	0,6	0,7	0,8
Z_1	0,143	0,161	0,185	0,217	0,263	0,284	0,333	0,325	0,317	0,309

7. Negative Feldmomente.

Es gilt für halbseitige Vollbelastung wieder allgemein mit leicht verständlicher Bezeichnungsweise:

$$M_m^{(-)\prime} = M_m^{(-)} + (\mu - 1)\,\overline{m}\,M_{sh} \tag{121a}$$

und weiter für einen Träger mit unveränderlichem Querschnitt:

$$M_m^{(-)} = -\frac{p\,l^2}{16}\,\overline{m} \left.\right\}$$
$$M_{sh} = -\frac{p\,l^2}{16} \qquad\qquad \tag{122}$$

daher ist:

$$M_{sh} = \frac{1}{\overline{m}}\,M_m^{(-)}. \tag{122a}$$

Damit entsteht aus Gl. (121a):

$$M_m^{(-)\prime} = M_m^{(-)}\,\mu. \tag{123}$$

Diese Beziehung gilt nur so lange, als der angenommene Belastungsfall in Betracht kommt, das ist bei einem Träger mit konstantem Querschnitt bis $\overline{m} = 0{,}8$. Bei einem Träger mit veränderlichem Querschnitt rückt diese Grenze, wie im vorigen Pkt. 6 dargelegt wurde, nach vorn. Es treten dann in beiden Feldern negative Einflußflächen auf (s. Abb. 32d). Bezeichnen wir das Stützenmoment mit M_s, so gilt wieder:

$$M_m^{(-)\prime} = M_m^{(-)} + (\mu - 1)\,\overline{m}\,M_s. \tag{121b}$$

Um zu einem Verhältnis zwischen M_s und $M_m^{(-)}$ zu gelangen, wenden wir dasselbe Verfahren wie früher an:

Für einen Träger mit unveränderlichem Querschnitt gilt in dem Bereiche zwischen $\overline{m} = 0{,}8$ und $\overline{m} = 1{,}0$:

$$M_s = -\frac{p\,l^2}{8\,\overline{m}^2}\,[-7\,\overline{m}^2 + 16\,\overline{m} - 8] \left.\right\}$$
$$M_m^{(-)} = -\frac{p\,l^2}{16\,\overline{m}^3}\,[\overline{m}^2 + (5\,\overline{m} - 4)^2] \qquad \tag{124}$$

Das Verhältnis beider ist:

$$\frac{M_s}{M_m^{(-)}} = \frac{1}{\overline{m}}\,\frac{-7\,\overline{m}^2 + 16\,\overline{m} - 8}{13\,\overline{m}^2 - 20\,\overline{m} + 8}. \tag{124a}$$

Verwenden wir diese Beziehung in Gl. (121b), so erhalten wir:

$$M_m^{(-)\prime} = M_m^{(-)}[1 + (\mu - 1)\,Z_2{'}] \left.\right\}$$
$$Z_2{'} = \frac{-7\,\overline{m}^2 + 16\,\overline{m} - 8}{13\,\overline{m}^2 - 20\,\overline{m} + 8} \qquad \tag{124b}$$

Andererseits können wir aber das gleiche Verhältnis für den in Abb. 28 dargestellten Träger ermitteln. Mit den durch die Gl. (118) und (119) ausgedrückten Einflußflächen erhalten wir:

$$\frac{M_s}{M_m^{(-)}} = \frac{F_{s1}+F_{s3}}{F_1+F_3} = \frac{1}{\overline{m}}\,\frac{8-30\,\overline{m}+36\,\overline{m}^2-13\,\overline{m}^3}{-4+18\,\overline{m}-27\,\overline{m}^2+14\,\overline{m}^3}\;. \tag{124c}$$

Damit ergibt sich aus Gl. (121 b):

$$\left.\begin{aligned}M_m^{(-)\prime} &= M_m^{(-)}[1+(\mu-1)\,Z_2^{\prime\prime}]\\[4pt] Z_2^{\prime\prime} &= \frac{8-30\,\overline{m}+36\,\overline{m}^2-13\,\overline{m}^3}{-4+18\,\overline{m}-27\,\overline{m}^2+14\,\overline{m}^3}\end{aligned}\right\}\;. \tag{124d}$$

Entsprechend der angenommenen Trägerform gilt diese Beziehung schon von $\overline{m}=2/3=0{,}667$ an bis $\overline{m}=1{,}0$.

Die beiden Verhältnisse $Z_2^\prime$ und $Z_2^{\prime\prime}$ zeigen den in Abb. 34 dargestellten Verlauf. Sie bilden ein Maß für die durch die Voutenanordnung

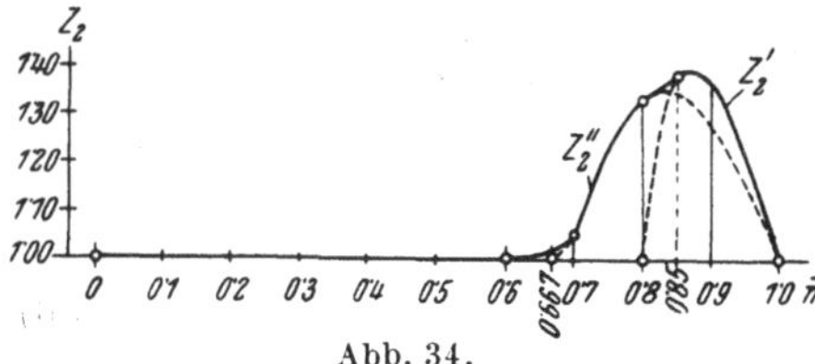

Abb. 34.

bewirkte Vergrößerung der negativen Feldmomente. Wir gehen sicher, wenn wir dieses Maß groß halten. Ähnlich wie bei den positiven Feldmomenten (Pkt. 5 und 6) wollen wir daher auch hier für den kritischen Bereich bei $\overline{m}=0{,}8$ zu dem Auskunftsmittel greifen, von den beiden Werten $Z_2^\prime$ und $Z_2^{\prime\prime}$ jeweils den größeren zu nehmen, und legen den in der Abb. 34 mit einer dicken Linie gezeichneten Verlauf fest. Die negativen Momente können dann einheitlich durch die Gleichung:

$$\underline{M_m^{(-)\prime} = M_m^{(-)}[1+(\mu-1)\,Z_2]} \tag{125}$$

ausgedrückt werden, wobei der Wert Z_2 der folgenden Zusammenstellung zu entnehmen ist.

$\overline{m}$	0,0 bis 0,65	0,70	0,75	0,80	0,85	0,90	0,95	1,00
Z_2	1,000	1,052	1,231	1,333	1,382	1,378	1,206	1,000

Mit den Gl. (120) und (125) und den zugehörigen Tafelwerten der Z_1 und Z_2 sind die Momente aus der Verkehrslast des Trägers mit einer Voutenanordnung zurückgeführt auf jene, die man für den Träger mit unveränderlichem Querschnitt erhält. Den Überlegungen, die zu der Aufstellung dieser Gleichungen geführt haben, mußte zum Teil eine besondere Trägerform, nämlich die in Abb. 28 dargestellte, zugrunde gelegt werden. In dieser besonderen Annahme liegt eine gewisse Willkür, doch ist zu bedenken, daß eine derart starke Veränderlichkeit des Trägheitsmomentes, wie sie der Träger der Abb. 28 zeigt, kaum oder nur selten vorkommen wird; im Gegenteil, die üblichen Ausführungen der

Vouten sind in den weitaus meisten Fällen gegenüber diesem Träger als bescheiden zu betrachten. Für solche Fälle aber geben die Formeln (120) und (125) ungünstigere Werte. Das in Abschn. IV gerechnete Beispiel wird dies bestätigen.

Bisher war vorausgesetzt, daß die Belastung aus einem gleichmäßig verteilten Verkehrsband besteht. Wir gewinnen sofort den Übergang zu unserem unstetigen Lastenzug, wenn wir unter $M_m^{(+)}$ und $M_m^{(-)}$ die aus diesem Lastenzug herrührenden größten Momente verstehen. Es ist dies gleichbedeutend mit der Einführung einer ideellen, von Punkt zu Punkt verschiedenen, gleichförmigen Belastung, die im Träger mit gleichbleibendem Querschnitt die gleichen Momente erzeugt wie der unstetige Lastenzug, wobei noch vorausgesetzt ist, daß die Laststellung sowohl für den Träger mit gleichbleibendem Querschnitt als auch für jenen mit einer Voutenanordnung die gleiche ist. Sie stellt eine Näherung dar, die den wirklichen Verhältnissen um so besser entsprechen wird, je kleiner die Voute und je größer die Stützweite ist.

B. Querkräfte und Auflagerdrücke.

1. Eigengewicht.

Für den Träger mit konstantem Querschnitt gilt:

$$Q_g = \mathfrak{Q}_g + \frac{M_{sg}}{l} \tag{126}$$

und für den Träger mit einer Voutenanordnung:

$$Q_g' = \mathfrak{Q}_g + \frac{M_{sg}'}{l} \,. \tag{126a}$$

Hierin ist $\mathfrak{Q}_g$ die Querkraft im freien Balken; das Stützenmoment ist hiebei als positiv angenommen. Wir bilden die Differenz beider Querkräfte, führen wieder die Beziehung $M_{sg}' = \mu\, M_{sg}$ ein und erhalten:

$$Q_g' = Q_g + \frac{1}{l}\,(\mu - 1)\, M_{sg}\,. \tag{126b}$$

Setzen wir darin den für Vollbelastung gültigen Wert $M_{sg} = -\dfrac{g\,l^2}{8}$ ein, so geht die vorige Gleichung über in:

$$Q_g' = Q_g - \frac{g\,l}{8}\,(\mu - 1)\,. \tag{127}$$

Sie ist so gestaltet, daß darin der Wert Q_g der Tafel 7 entnommen werden kann. Es wird sich jedoch hier empfehlen, die Querkraft ohne

Benützung von Tabellenwerten unmittelbar durch die Belastung g auszudrücken. Mit $\mathfrak{Q}_g = \dfrac{g\,l}{2} - g\,m$ und $M_{sg} = -\dfrac{g\,l^2}{8}$ entsteht aus Gl. (126a) unter Benützung des μ-Wertes unmittelbar:

$$Q_g' = \frac{g\,l}{2}\left(1 - \frac{\mu}{4} - 2\,\overline{m}\right). \qquad (127\,\text{a})$$

Für $\overline{m} = 0$ erhalten wir aus Gl. (127) den Auflagerdruck an der Randstütze mit:

$$A_g' = A_g - \frac{g\,l}{8}\,(\mu - 1)\,, \qquad (127\,\text{b})$$

welche Beziehung unter Verwendung des Zusammenhanges $\dfrac{g\,l}{8} = \dfrac{A_g}{3}$ übergeht in:

$$A_g' = A_g\,\frac{4 - \mu}{3}\,. \qquad (128)$$

Durch die Belastung g ausgedrückt, lautet der Auflagerdruck:

$$A_g' = \frac{g\,l}{8}\,(4 - \mu)\,. \qquad (128\,\text{a})$$

Für den Auflagerdruck an der Mittelstütze gilt:

$$\left.\begin{aligned}
B_g &= \mathfrak{B}_g - 2\,\frac{M_{sg}}{l}\\[4pt]
B_g' &= \mathfrak{B}_g - 2\,\frac{M_{sg}'}{l}
\end{aligned}\right\}. \qquad (129)$$

Daraus entsteht wie früher:

$$B_g' = B_g - 2\,\frac{M_{sg}}{l}\,(\mu - 1)\,. \qquad (130)$$

Nach Verwendung von $M_{sg} = -\dfrac{g\,l^2}{8}$ und $B_g = \dfrac{5}{4}\,g\,l$ geht diese Formel über in:

$$B_g' = B_g\,\frac{4 + \mu}{5} \qquad (131)$$

oder unmittelbar durch g ausgedrückt:

$$B_g' = g\,l\,\frac{4 + \mu}{4}\,. \qquad (131\,\text{a})$$

2. Verkehrslast.

Sie sei wieder, wie bei den Momenten, zunächst als gleichmäßig verteilte Last angenommen.

Positive Querkräfte. Die Belastungsart entspricht der Abb. 28e, der μ'-Wert ist durch die Gl. (99) gegeben. In der gleichen Weise, wie wir zur Gl. (126 b) gelangt sind, erhalten wir auch hier zunächst:

$$Q_m^{(+)'} = Q_m^{(+)} + \frac{1}{l}\,(\mu'-1)\,M_s\,. \tag{132}$$

Für M_s ergibt sich aus Gl. (36) für die vorliegende Belastungsart und $p = 1$ der Ausdruck:

$$M_s = -\frac{1}{16}\,\frac{1}{l^2}\,(l^2-m^2)^2\,. \tag{133}$$

Desgleichen finden wir aus $Q_m^{(+)} = \mathfrak{Q}_m^{(+)} + \dfrac{M_s}{l}$ die Beziehung:

$$Q_m^{(+)} = \frac{1}{16\,l^3}\,(l-m)^2\,[8\,l^2-(l+m)^2]\,. \tag{133a}$$

Die Verbindung der beiden letzten Gleichungen liefert:

$$M_s = -Q_m^{(+)}\,\frac{l\,(l+m)^2}{8\,l^2-(l+m)^2}\,. \tag{133b}$$

Setzen wir diesen Wert und μ' nach Gl. (99) in die Gl. (132) ein, so ergibt sich:

$$\left.\begin{aligned} Q_m^{(+)'} &= Q_m^{(+)}[1-(\mu-1)\,Z_3]\\[4pt] Z_3 &= \frac{(1-\overline{m})(1+\overline{m})^2}{8-(1+\overline{m})^2} \end{aligned}\right\}\,. \tag{134}$$

Der Hilfswert Z_3 ist in der folgenden Zusammenstellung errechnet:

$\overline{m}$	0	0,1	0.2	0,3	0,4	0,5	0,6	0.7	0,8	0.9	1,0
Z_3	0.143	0,160	0,176	0,188	0,195	0,196	0,188	0,170	0,136	0.082	0

Für $\overline{m} = 0$ erhalten wir den entsprechenden Ausdruck für den größten Auflagerdruck an der Randstütze:

$$_{max}A' = {}_{max}A\,\frac{8-\mu}{7}\,. \tag{135}$$

Der kleinste Auflagerdruck ergibt sich für halbseitige Vollbelastung aus Gl. 138 für $\overline{m} = 0$ mit:

$$_{min}A' = {}_{min}A \cdot \mu\,. \tag{135a}$$

Negative Querkräfte. Die Belastungsart entspricht der Abb. 28c. Wir erhalten unter Einhaltung des gleichen Verfahrens wie oben zunächst wieder:

$$Q_m^{(-)\prime} = Q_m^{(-)} - \frac{M_s}{l}\,(\mu - 1)\,. \tag{136}$$

Nun ist aus der Gl. (36) für die gegebene Belastungsart und $p = 1$:

$$M_s = -\frac{l^2}{16}\left[1 + \frac{m^2}{l^4}\,(2\,l^2 - m^2)\right] \tag{137}$$

und aus

$$Q_m^{(-)} = \mathfrak{Q}_m^{(-)} - \frac{M_s}{l} \tag{137a}$$

folgt mit Benützung des vorigen Wertes:

$$Q_m^{(-)} = \frac{l}{16}\left(1 + 10\,\frac{m^2}{l^2} - \frac{m^4}{l^4}\right)\,. \tag{137b}$$

Aus den Gl. (137) und (137b) kann wieder der Zusammenhang abgeleitet werden:

$$M_s = -\,Q_m^{(-)}\,l \cdot \frac{1 + 2\,\overline{m}^2 - \overline{m}^4}{1 + 10\,\overline{m}^2 - \overline{m}^4}\,, \tag{137c}$$

dessen Einführung in Gl. (136) das folgende Ergebnis liefert:

$$\left.\begin{array}{l} Q_m^{(-)\prime} = Q_m^{(-)}[1 + (\mu - 1)\,Z_4] \\[2mm] Z_4 = \dfrac{1 + 2\,\overline{m}^2 - \overline{m}^4}{1 + 10\,\overline{m}^2 - \overline{m}^4} \end{array}\right\}\,. \tag{138}$$

Zur Erleichterung der Rechnung sind die Werte Z_4 in der folgenden Zusammenstellung errechnet:

$\overline{m}$	0	0,1	0,2	0,3	0,4	0,5	0,6	0,7	0,8	0,9	1 0
Z_4	1,000	0,928	0.772	0,625	0,503	0.418	0.356	0,308	0 267	0,233	0,200

Für den Auflagerdruck an der Mittelstütze ergibt sich in der gleichen Weise:

$$B' = B\,\frac{4 + \mu}{5}\,. \tag{139}$$

Mit den Gl. (134), (135), (138) und (139) sind die aus der Verkehrslast stammenden Querkräfte und Auflagerdrücke des mit einer Voute versehenen Trägers wieder zurückgeführt auf jene Werte, die man unter der Annahme eines Trägers mit gleichbleibendem Querschnitt erhält. Was bei den Momenten hinsichtlich des Überganges vom stetigen zum unstetigen Lastenzug gesagt wurde, gilt auch hier.

IV. Zahlenbeispiel.

1. Allgemeine Angaben.

Die Anwendung der Tafeln und der in Abschn. III entwickelten Beziehungen für die Berücksichtigung eines veränderlichen Balkenquerschnittes soll an Hand eines Zahlenbeispieles gezeigt werden. Zum Vergleich wird die Rechnung auch in der bisher üblichen Weise durch Aufstellung und Auswertung der Einflußlinien durchgeführt, um den Unterschied festzustellen, den die gemachten Näherungen ausüben. Da diese Näherungen um so mehr ausgeben, je kleiner die Stützweite und je stärker die Querschnittsveränderung ist, wählen wir einen verhältnismäßig kurzen Durchlaufträger mit $l = 12{,}50$ m und einer bis in die Trägermitte reichenden geradlinigen Voute. Es ist dann $\overline{\lambda} = 0{,}50$, das Verhältnis des Trägheitsmomentes am Beginn der Voute zu jenem über der Stütze sei $n = 0{,}05$, d. h. die Trägerhöhe über der Stütze sei 2,71mal so groß als im Feld. Für dieses Verhältnis ergibt sich aus der Tafel 8 ein Wert $\mu = 1{,}807$. Die Belastungen sind: $g = 2{,}75$ t/m, Lastenzug I: $r = 6{,}67$ t/m, $p_1 = 0{,}87$ t/m; Lastenzug II: $P_1 = 4{,}0$ t, $P_2 = 2{,}0$ t, $p_2 = 0{,}63$ t/m. (Die dynamischen Beiwerte mit einbezogen.) Die Fahrzeuglängen und der Abstand der Einzellasten entsprechen den Normwerten, es ist dann $\overline{a}_1 = \dfrac{3{,}50}{12{,}50} = 0{,}28$ und $\overline{a}_2 = \dfrac{3{,}00}{12{,}50} = 0{,}24$. Die folgenden Rechnungen werden durchwegs mit dem Rechenschieber durchgeführt.

2. Stützenmoment.

Eigengewicht. Aus der Tafel 7 folgt:

$$M_{gs} = -0{,}1250 \cdot 2{,}75 \cdot \overline{12{,}5}^2 = \underline{-53{,}7 \text{ tm}}.$$

Die Voute verändert dieses Moment nach Gl. (106) oder Gl. (111) — für

$$\overline{m} = 1 \text{ — zu } M_{gs}{}' = \mu\, M_{gs} = -1{,}807 \cdot 53{,}7 = \underline{-97{,}0 \text{ tm}}.$$

In der Abb. 35 ist die Einflußlinie für das Stützenmoment (bei konstantem Querschnitt strichliert, bei Vorhandensein der Voute mit voller Linie gezeichnet) aufgetragen. Ermittelt man die der vollen Linie entsprechende Einflußfläche, so erhält man $F' = 35{,}5$ (m²), in Verbindung mit dem Eigengewicht ergibt dies $M' = -35{,}5 \cdot 2{,}75 = \underline{-97{,}6 \text{ tm}}$.

Lastenzug I. Aus der Tafel 2 folgt für $\overline{a}_1 = 0{,}28$:

$$M_{Is} = -(0{,}0262 \cdot 6{,}67 + 0{,}0828 \cdot 0{,}87) \cdot \overline{12{,}5}^2 = \underline{-38{,}6 \text{ tm}}.$$

Für den Träger mit veränderlichem Querschnitt ergibt sich nach Gl. (125):

$$M_{Is}{}' = M_{Is}\,[1 + (\mu - 1)\,1{,}0] = -38{,}6 \cdot 1{,}807 = \underline{-69{,}6 \text{ tm}}.$$

Die unmittelbare Ermittlung der Momente aus der Einflußlinie ergibt mit den in der Abb. 35 eingeschriebenen Ordinaten, wobei die Flächen in Rechtecke, Dreiecke und Parabeln zerlegt werden: für die strichliert gezeichnete Einflußlinie (Träger mit unveränderlichem Querschnitt):

$$M_{Is} = -\,(1{,}10 \cdot 3{,}50 + 2/3 \cdot 0{,}10 \cdot 3{,}50) \cdot 6{,}67 - (1/2 \cdot 4{,}10 \cdot 0{,}93 + 2/3 \cdot 4{,}10 \cdot$$
$$\cdot\,0{,}05 + 1/2 \cdot 2{,}40 \cdot 0{,}86 + 2/3 \cdot 2{,}40 \cdot 0{,}07 + 1/2 \cdot 19{,}6) \cdot 0{,}87 = -\,38{,}6 \text{ tm}$$

und für die mit voller Linie gezeichnete Einflußlinie (Träger mit Voute):

$$M_{Is}' = -\,(2{,}04 \cdot 3{,}50 + 2/3 \cdot 0{,}26 \cdot 3{,}50) \cdot 6{,}67 - (1/2 \cdot 2{,}85 \cdot 1{,}570 + 2/3 \cdot 0{,}06 \cdot$$
$$\cdot\,2{,}85 + 1/2 \cdot 3{,}65 \cdot 1{,}610 + 2/3 \cdot 0{,}07 \cdot 3{,}65 + 1/2 \cdot 35{,}5) \cdot 0{,}87 = -\,71{,}7 \text{ tm}.$$

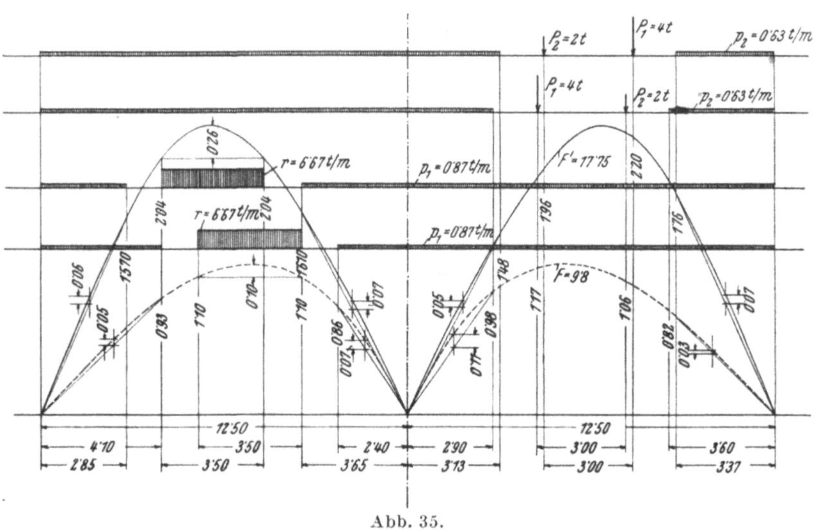

Abb. 35.

Die Übereinstimmung mit den nach den Tafelwerten ermittelten Momenten ist, trotzdem die Laststellungen für den Träger mit und ohne Voute verschieden sind, sehr gut.

Lastenzug II. Mit $\overline{a_2} = 0{,}24$ und $\varrho_1 = 4/6 = 2/3$, $\varrho_2 = 2/6 = 1/3$ ergibt sich aus Tafel 4:

$$M_{IIs} = -\,(0{,}0962 - 0{,}0249 \cdot 2/9) \cdot 6 \cdot 12{,}5 - (0{,}0828 - 0{,}00083 \cdot 1/3 +$$
$$+\,0{,}00299 \cdot 1/9) \cdot 0{,}63 \cdot \overline{12{,}5}^2 = -\,14{,}95 \text{ tm}.$$

Mit Hilfe der Gl. (125) entsteht daraus:

$$M_{IIs}' = -\,14{,}95 \cdot 1{,}807 = -\,27{,}0 \text{ tm}.$$

Die unmittelbare Auswertung der Einflußlinien nach Abb. 35, in welcher der Deutlichkeit wegen das Einzelfahrzeug in der rechten Hälfte aufgestellt ist, liefert:

Für die strichliert gezeichnete Einflußlinie:

$$M_{IIs} = -\,1{,}17 \cdot 4 - 1{,}06 \cdot 2 - (1/2 \cdot 2{,}90 \cdot 0{,}98 + 2/3 \cdot 0{,}11 \cdot 2{,}90 + 1/2 \cdot 3{,}60 \cdot$$
$$\cdot\,0{,}82 + 2/3 \cdot 0{,}03 \cdot 3{,}60 + 1/2 \cdot 19{,}6) \cdot 0{,}63 = -\,14{,}97 \text{ tm}$$

und für die mit voller Linie gezeichnete Einflußlinie:

$$M_{IIs}' = -\,2{,}20 \cdot 4 - 1{,}96 \cdot 2 - (1/2 \cdot 1{,}48 \cdot 3{,}13 + 2/3 \cdot 3{,}13 \cdot 0{,}05 + 1/2 \cdot 1{,}76 \cdot$$
$$\cdot\,3{,}37 + 2/3 \cdot 3{,}37 \cdot 0{,}07 + 1/2 \cdot 35{,}5) \cdot 0{,}63 = -\,27{,}42 \text{ tm}.$$

Auch hier ist die Übereinstimmung der unmittelbar aus den Einflußlinien gewonnenen Ergebnisse mit jenen, die mit Hilfe der Tafelwerte gefunden worden waren, ausgezeichnet.

Eine durchwegs gleichmäßige Belastung mit $p_2 = 0{,}63$ t/m würde ergeben (nach Tafel 7):

$M_s = -0{,}1250 \cdot 0{,}63 \cdot \overline{12{,}5^2} = -12{,}3$ tm. Dieser Wert ist kleiner als jener für den unstetigen Lastenzug II, daher ist der vorhin gefundene Wert von $-14{,}95$ tm maßgebend.

3. Momente im Querschnitt $\overline{m} = 0{,}435$. (Mutmaßlich größtes positives Feldmoment.)

Eigengewicht. Aus Tafel 7 ist:

$$M_g = 0{,}0685 \cdot 2{,}75 \cdot \overline{12{,}5^2} = \underline{29{,}4\ \text{tm}}.$$

Nach Gl. (111) ändert sich dieses Moment durch die Voutenanordnung zu:

$$M_g' = 29{,}4 \left(1 - \frac{1{,}807 - 1}{3 - 4 \cdot 0{,}435} \right) = \underline{10{,}55\ \text{tm}}.$$

In Abb. 36 ist der positive Teil der Einflußlinie für diesen Querschnitt dargestellt, wobei die strichlierte Linie wie früher wieder dem Balken mit unveränderlichem Querschnitt und die volle Linie jenem mit einer Voutenanordnung entspricht. Die mit voller Linie gezeichnete positive Teilfläche ergibt sich mit $F_1' = 11{,}52$ (m²), die negative Teilfläche kann aus dem Wert der Einflußfläche für das Stützenmoment abgeleitet werden. Sie beträgt $F_2' = -35{,}5/2 \cdot 0{,}435 = -7{,}72$ (m²). Die Summe dieser beiden Flächen ergibt die für das Eigengewicht in Betracht kommende Einflußfläche mit $F' = +11{,}52 - 7{,}72 = +3{,}80$ (m²). Damit wird das Moment aus dem Eigengewicht für den Träger mit einer Voutenanordnung:

$$M = +3{,}80 \cdot 2{,}75 = \underline{+10{,}45\ \text{tm}}.$$

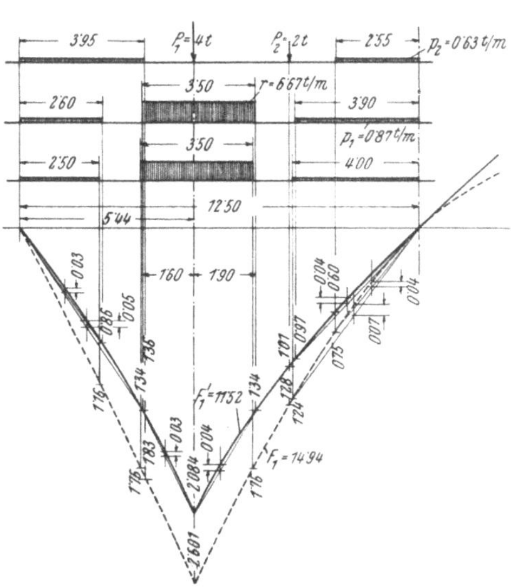

Abb. 36.

Die Übereinstimmung mit dem nach der Tafel 7 und aus der Gl. (111) gewonnenen Wert ist, in Anbetracht der wünschenswerten Rechengenauigkeit, vollkommen.

Lastenzug I. Nach der Tafel 1 erhält man für $\overline{a}_1 = 0{,}28$:

$$M_I = (0{,}0486 \cdot 6{,}67 + 0{,}0237 \cdot 0{,}87) \cdot \overline{12{,}5}^2 = \underline{54{,}2 \text{ tm}}.$$

Durch die Voutenanordnung entsteht daraus nach Gl. (120):

$$M_I{}' = 54{,}2 \cdot [1 - (1{,}807 - 1) \cdot 0{,}284] = \underline{41{,}8 \text{ tm}}.$$

Die Auswertung der Einflußlinien ergibt mit den in der Abb. 36 eingetragenen Zahlenwerten: für die strichliert gezeichnete Einflußlinie:

$$M_I = (1{,}76 \cdot 3{,}50 + \frac{2{,}60 - 1{,}76}{2} \cdot 3{,}50) \cdot 6{,}67 + (1/2 \cdot 2{,}50 \cdot 1{,}16 + 1/2 \cdot 4{,}00 \cdot$$
$$\cdot 1{,}24 - 2/3 \cdot 4{,}00 \cdot 0{,}07) \cdot 0{,}87 = \underline{54{,}0 \text{ tm}}$$

und für die voll gezeichnete Einflußlinie:

$$M_I{}' = (1{,}34 \cdot 3{,}50 + \frac{2{,}084 - 1{,}34}{2} \cdot 3{,}50 - 2/3 \cdot 0{,}03 \cdot 1{,}60 - 2/3 \cdot 0{,}04 \cdot 1{,}90) \cdot$$
$$\cdot 6{,}67 + (1/2 \cdot 2{,}60 \cdot 0{,}86 - 2/3 \cdot 2{,}60 \cdot 0{,}03 + 1/2 \cdot 3{,}90 \cdot 0{,}97 - 2/3 \cdot$$
$$\cdot 0{,}04 \cdot 3{,}90) \cdot 0{,}87 = \underline{42{,}0 \text{ tm}}.$$

Lastenzug II. Nach Tafel 3 müssen zwei Laststellungen untersucht werden. Es ergibt sich für die Laststellung P_2 rechts von P_1 $(\overline{a}_2 = 0{,}24)$:

$$M_{IIr} = (0{,}2074 \cdot 4 + 0{,}1014 \cdot 2) \cdot 12{,}5 + 0{,}0283 \cdot 0{,}63 \cdot \overline{12{,}5}^2 = \underline{15{,}7 \text{ tm}}$$

und für die Laststellung P_2 links von P_1:

$$M_{III} = (0{,}2074 \cdot 4 + 0{,}0898 \cdot 2) \cdot 12{,}5 + 0{,}0313 \cdot 0{,}63 \cdot \overline{12{,}5}^2 = \underline{15{,}7 \text{ tm}}.$$

Beide Laststellungen liefern zufällig das gleiche Ergebnis.
Die Berücksichtigung der Voute ergibt nach Gl. (120):

$$M_{II}{}' = 15{,}7 \cdot [1 - (1{,}807 - 1) \cdot 0{,}284] = \underline{12{,}3 \text{ tm}}.$$

Aus der Auswertung der Einflußlinie nach Abb. 36 erhält man (von einem Anschreiben des Ansatzes wird abgesehen):

für die strichliert gezeichnete Einflußlinie: $M_{II} = \underline{15{,}80 \text{ tm}}$
und für die voll gezeichnete Einflußlinie: $M_{II}{}' = \underline{12{,}45 \text{ tm}}$.

Auch hier ist die Übereinstimmung sehr gut.

Die Belastung einer Trägerhälfte mit $p_2 = 0{,}63$ t/m ergibt (nach Tafel 7): $M = 0{,}0957 \cdot 0{,}63 \cdot \overline{12{,}5}^2 = 9{,}4$ tm, dieser Wert ist kleiner als der vorhin gefundene Wert von 15,7 tm.

4. Momente im Querschnitt $\overline{m} = 0{,}8$.

Dieser Querschnitt wird deshalb für die Vergleichsrechnung gewählt, weil bei ihm infolge der gemachten Annahmen größere Unterschiede zu erwarten sind.

Eigengewicht. Nach Tafel 7 ist:

$$M_g = -0,0200 \cdot 2,75 \cdot \overline{12,5}^2 = \underline{-8,58 \text{ tm}}$$

und aus Gl. (111) folgt:

$$M_g' = -8,58 \cdot \left(1 - \frac{1,807 - 1}{3 - 4 \cdot 0,8}\right) = \underline{-43,3 \text{ tm.}}$$

In Abb. 37 sind die beiden Einflußlinien mit und ohne Berücksichtigung der Voute wieder in der bisherigen Weise aufgetragen. Unter Weglassung der Zwischenrechnung wird nur das Ergebnis der Auswertung angegeben. Man erhält für die voll gezeichnete Einflußlinie:

$+F' = +2,42 \text{ (m}^2), -F' = -18,27 \text{ (m}^2),$ ihre Summe ist: $F' = -15,85 \text{ (m}^2).$

Damit ergibt sich für das Eigengewicht: $M_g' = -15,85 \cdot 2,75 = \underline{-43,5 \text{ tm,}}$ welcher Wert mit dem obigen aus der Tafel 7 und der Gl. (111) errechneten Wert übereinstimmt.

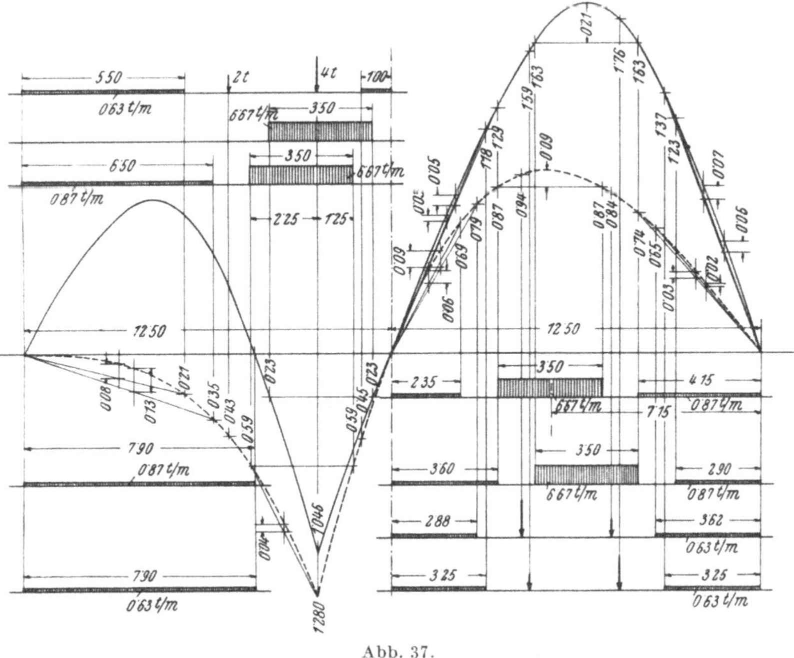

Abb. 37.

Lastenzug I, Positives Feldmoment. Nach Tafel 1 ist:

$$M_I^{(+)} = (0,0204 \cdot 6,67 + 0,00359 \cdot 0,87) \cdot \overline{12,5}^2 = \underline{21,7 \text{ tm.}}$$

mit Benützung von Gl. (120) entsteht daraus:

$$M_I^{(+)\prime} = 21{,}7 \cdot [1 - (1{,}807 - 1) \cdot 0{,}309] = \underline{16{,}3 \text{ tm}}.$$

Aus den Einflußlinien (Abb. 37) ergibt sich:
für den Träger mit konstantem Querschnitt (strichlierte Linie):

$$M_I^{(+)} = \underline{22{,}0 \text{ tm}},$$

für den Träger mit einer Voutenanordnung (volle Linie):

$$M_I^{(+)\prime} = \underline{14{,}8 \text{ tm}}.$$

Negatives Feldmoment: Aus Tafel 2 ergibt sich:

$$M_I^{(-)} = -(0{,}0209 \cdot 6{,}67 + 0{,}01622 \cdot 0{,}87) \cdot \overline{12{,}5^2} = \underline{-24{,}0 \text{ tm}}$$

und aus Gl. (125) folgt:

$$M_I^{(-)\prime} = -24{,}0 \cdot [1 + (1{,}807 - 1) \cdot 1{,}333] = \underline{-49{,}8 \text{ tm}}.$$

Die Auswertung der Einflußlinien liefert:

$$M_I^{(-)} = \underline{-23{,}8 \text{ tm}}, \quad M_I^{(-)\prime} = \underline{-48{,}7 \text{ tm}}.$$

Lastenzug II, Positives Feldmoment. Aus Tafel 3 ergibt sich für die Laststellung P_2 rechts von P_1:

$$M_{II}^{(+)} = (0{,}1024 \cdot 4 + 0{,}0 \cdot 2) \cdot 12{,}5 + 0{,}0107 \cdot 0{,}63 \cdot \overline{12{,}5^2} = \underline{+6{,}16 \text{ tm}}$$

und für die Laststellung P_2 links von P_1:

$$M_{II}^{(+)} = (0{,}1024 \cdot 4 + 0{,}0351 \cdot 2) \cdot 12{,}5 + 0{,}0033 \cdot 0{,}63 \cdot \overline{12{,}5^2} = \underline{+6{,}31 \text{ tm}}.$$

Wie zu erwarten war, ist die an zweiter Stelle genannte Laststellung maßgebend. Nach Gl. (120) entsteht:

$$M_{II}^{(+)\prime} = 6{,}31 \cdot [1 - (1{,}807 - 1) \cdot 0{,}309] = \underline{4{,}47 \text{ tm}}.$$

Aus den Einflußlinien ergibt sich: $M_{II}^{(+)} = \underline{6{,}30 \text{ tm}}$, $M_{II}^{(+)\prime} = \underline{4{,}18 \text{ tm}}$.

Negatives Feldmoment: Die Tafel 4 liefert:

$$M_{II}^{(-)} = -(0{,}0770 - 0{,}0200 \cdot 2/9) \cdot 6 \cdot 12{,}5 -$$
$$- (0{,}0162 - 0{,}00066 \cdot 1/3 + 0{,}00239 \cdot 1/9) \cdot 0{,}63 \cdot \overline{12{,}5^2} = \underline{-7{,}05 \text{ tm}}.$$

Mit Hilfe der Gl. (125) wird erhalten:

$$M_{II}^{(-)\prime} = -7{,}05 \cdot [1 + (1{,}807 - 1) \cdot 1{,}333] = \underline{-14{,}6 \text{ tm}}.$$

Durch die Auswertung der Einflußlinien findet man:

$$M_{II}^{(-)} = \underline{-7{,}04 \text{ tm}}, \quad M_{II}^{(-)\prime} = \underline{-15{,}5 \text{ tm}}.$$

Die Vergleichsrechnung zeigt, daß die Momente aus der Verkehrsbelastung, die man aus den Tafelwerten ableitet, ausgezeichnet übereinstimmen mit jenen, die man unmittelbar durch die Auswertung der Einflußlinien gewinnt. Weniger gut ist eine solche Übereinstimmung, wenn man die Momente für den Träger mit veränderlichem Querschnitt mit Hilfe der im Abschnitt III entwickelten Formeln bestimmt. Erwartungsgemäß liegen jedoch die Unterschiede auf der sicheren Seite, sie sind entsprechend den in den Abschn. III A, 5, 6 und 7 gemachten Annahmen vorauszusehen.

Zum Vergleich ist noch eine durchwegs gleichmäßige Belastung mit $p_2 = 0,63$ t/m zu berücksichtigen. Es ergibt sich nach Tafel 7:

$$M^{(+)} = + 0,0300 \cdot 0,63 \cdot \overline{12,5}^2 = + 2,95 \text{ tm}$$

und

$$M^{(-)} = - 0,0500 \cdot 0,63 \cdot \overline{12,5}^2 = - 4,92 \text{ tm.}$$

Diese Werte sind kleiner als jene, die der unstetige Lastenzug ergibt.

Im folgenden werden noch die absolut größten positiven und negativen Querkräfte und die Auflagerdrücke bestimmt, sie werden ebenfalls mit Hilfe von aufgetragenen Einflußlinien nachgeprüft, doch wird von einer Wiedergabe der Zeichnung und der Auswertung abgesehen. Die aus den Einflußlinien gewonnenen Werte sind jeweils den aus den Tafeln ermittelten Werten in Klammern beigesetzt.

5. Größte positive Querkraft.
(Größter Auflagerdruck an der Randstütze.)

Eigengewicht: Aus Tafel 7 folgt:

$$A_g = 0,375 \cdot 2,75 \cdot 12,5 = \underline{12,9 \text{ t}}$$

und nach Gl. (128) ergibt sich:

$$A_g' = 12,9 \cdot 1/3 \cdot (4 - 1,807) = \underline{9,4 \text{ t}} \quad (9,4).$$

Lastenzug I. Aus Tafel 5 folgt:

$$A_I = (0,231 \cdot 6,67 + 0,146 \cdot 0,87) \cdot 12,5 = \underline{20,9 \text{ t}} \quad (21,2)$$

und nach Gl. (135) erhält man:

$$A_I' = 20,9 \cdot 1/7 \cdot (8 - 1,807) = \underline{18,5 \text{ t}} \quad (19,4).$$

Lastenzug II. Aus Tafel 6 folgt:

$$A_{II} = 1,00 \cdot 4,00 + 0,703 \cdot 2,00 + 0,157 \cdot 0,63 \cdot 12,5 = \underline{6,65 \text{ t}} \quad (6,58)$$

und nach Gl. (135) ergibt sich:

$$A_{II}' = 6,65 \cdot 1/7 \cdot (8 - 1,807) = \underline{5,88 \text{ t}} \quad (6,24).$$

6. Größte negative Querkraft (an der Mittelstütze).

Eigengewicht. Nach Tafel 7 ist:

$$Q_g = -0{,}6250 \cdot 2{,}75 \cdot 12{,}5 = -21{,}5 \text{ t.}$$

Die Gl. (127) liefert:

$$Q_g' = -21{,}5 - 1/8 \cdot 2{,}75 \cdot 12{,}5 \cdot (1{,}807 - 1) = -25{,}0 \text{ t } (24{,}9).$$

Lastenzug I. Nach Tafel 5 ist:

$$Q_I^{(-)} = -(0{,}255 \cdot 6{,}67 + 0{,}294 \cdot 0{,}87) \cdot 12{,}5 = -24{,}4 \text{ t } (24{,}6).$$

Die Gl. (138) liefert:

$$Q_I^{(-)'} = -24{,}4 \cdot [1 + (1{,}807 - 1) \cdot 0{,}200] = -28{,}3 \text{ t } (26{,}0).$$

Lastenzug II. Nach Tafel 6 ergibt sich:

$$Q_{II}^{(-)} = -1{,}00 \cdot 4{,}00 - 0{,}840 \cdot 2{,}00 - 0{,}308 \cdot 0{,}63 \cdot 12{,}5 = -8{,}1 \text{ t } (8{,}3).$$

Die Gl. (138) liefert:

$$Q_{II}^{(-)'} = -8{,}1 \cdot [1 + (1{,}807 - 1) \cdot 0{,}200] = -9{,}43 \text{ t } (8{,}7).$$

7. Auflagerdruck an der Mittelstütze.

Eigengewicht. Nach Tafel 7 ist:

$$B_g = 1{,}250 \cdot 2{,}75 \cdot 12{,}5 = 43{,}0 \text{ t.}$$

Die Gl. (131) ergibt:

$$B_g' = 43{,}0 \cdot 1/5 \cdot (4 + 1{,}807) = 50{,}0 \text{ t } (50{,}0).$$

Lastenzug I. Nach Tafel 5 ist:

$$B_I = (0{,}277 \cdot 6{,}67 + 0{,}783 \cdot 0{,}87) \cdot 12{,}5 = 31{,}6 \text{ t } (31{,}4).$$

Die Gl. (139) liefert:

$$B_I' = 31{,}6 \cdot 1/5 \cdot (4 + 1{,}807) = 36{,}7 \text{ t } (34{,}2).$$

Lastenzug II. Aus Tafel 6 folgt:

$$B_{II} = (1 - 0{,}0864 \cdot 2/3 \cdot 1/3) \cdot 6{,}0 + 0{,}783 \cdot 0{,}63 \cdot 12{,}5 = 12{,}1 \text{ t } (12{,}1).$$

Mit Hilfe der Gl. (139) entsteht daraus:

$$B_{II}' = 12{,}1 \cdot 1/5 \cdot (4 + 1{,}807) = 14{,}1 \text{ t } (13{,}8).$$

Die Übereinstimmung der nach den Einflußlinien bestimmten Werte mit jenen, die aus den Tafeln gewonnen werden, ist sehr gut. Die in Abschn. III entwickelten Formeln zur Berücksichtigung des Vouteneinflusses liefern jedoch — voraussetzungsgemäß — nur bei einer Gleich-

last übereinstimmende Werte, bei den unstetigen Lastenzügen sind die
Unterschiede größer, bewegen sich überwiegend auf der sichern Seite
und sind für die Praxis durchaus tragbar. Im übrigen ist ja bekannt,
daß der Einfluß der Voute auf die Querkräfte und Auflagerdrücke bedeu-
tend kleiner ist als auf die Momente, was auch aus Abb. 38 ersehen werden

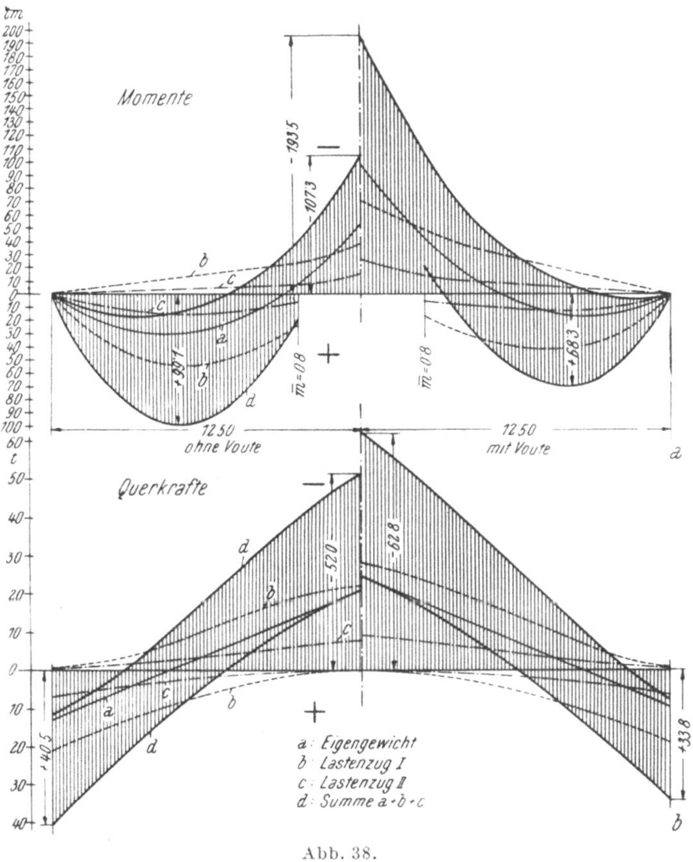

Abb. 38.

kann. In dieser sind — an Stelle einer zahlenmäßigen Wiedergabe der
Momente und Querkräfte längs des ganzen Trägers — oben (Abb. 38a)
in der linken Trägerhälfte die größten nach den Tafeln (also für einen
Träger mit konstantem Querschnitt) ermittelten Momente für die einzelnen Lastenzüge und ihre Summen dargestellt. Die rechte Trägerhälfte
enthält die daraus mit Hilfe der in Abschn. III entwickelten Beziehungen abgeleiteten Momente für einen Träger mit der in Rechnung
gestellten Voute. Man erkennt, daß der Einfluß der — übermäßig
starken — Voute beträchtlich ist. Die Abb. 38b gibt ein gleichartiges
Bild über den Verlauf der größten Querkräfte.